Kieler Meeresforschung im Kaiserreich

Kieler Werkstücke

Reihe A:
Beiträge zur schleswig-holsteinischen
und skandinavischen Geschichte

Herausgegeben von Oliver Auge
Begründet von Erich Hoffmann

Band 48

PETER LANG
EDITION

Lisa Kragh

Kieler Meeresforschung im Kaiserreich

Die Planktonexpedition von 1889
zwischen Wissenschaft, Wirtschaft,
Politik und Öffentlichkeit

PETER LANG
EDITION

Bibliografische Information der Deutschen Nationalbibliothek
Die Deutsche Nationalbibliothek verzeichnet diese Publikation in der
Deutschen Nationalbibliografie; detaillierte bibliografische Daten sind im
Internet über http://dnb.d-nb.de abrufbar.

Gedruckt mit Unterstützung der Prof. Dr. Werner-Petersen-Stiftung und des
Zentrums für interdisziplinäre Meereswissenschaften Kiel Marine Science.

Umschlagabbildung:
Siegel der Christian-Albrechts-Universität zu Kiel.

Die Universität trägt ihren Namen nach ihrem Gründer, dem Herzog
Christian Albrecht von Schleswig-Holstein-Gottorf, der sie im
Jahre 1665 – nur siebzehn Jahre nach dem Ende des Dreißigjährigen
Krieges – für sein Herzogtum ins Leben rief. An diese Zeit erinnert
auch ihr Siegel: Es zeigt eine Frauengestalt mit einem Palmzweig
und einem Füllhorn voller Ähren in den Händen, die den Frieden
versinnbildlicht. Das Siegel trägt die Unterschrift: Pax optima rerum
(Frieden ist das höchste Gut).

Abdruck mit freundlicher Genehmigung
der Christian-Albrechts-Universität zu Kiel.

ISSN 0936-4005
ISBN 978-3-631-72634-1 (Print)
E-ISBN 978-3-631-72635-8 (E-PDF)
E-ISBN 978-3-631-72636-5 (EPUB)
E-ISBN 978-3-631-72637-2 (MOBI)
DOI 10.3726/b11337

© Peter Lang GmbH
Internationaler Verlag der Wissenschaften
Frankfurt am Main 2017
Alle Rechte vorbehalten.
Peter Lang Edition ist ein Imprint der Peter Lang GmbH.

Peter Lang – Frankfurt am Main · Bern · Bruxelles · New York ·
Oxford · Warszawa · Wien

www.peterlang.com

Vorwort des Reihenherausgebers

Lisa Kragh ist im Kreis der schleswig-holsteinischen Regionalgeschichtsforschung längst kein unbeschriebenes Blatt mehr. So hat sie nicht nur im Jahr 2014 einen inhaltlich tiefschürfenden Beitrag für die Zeitschrift der Gesellschaft für Schleswig-Holsteinische Geschichte zum Konnex von Bauernschaft und Waldrückgang im mittelalterlichen und frühneuzeitlichen Schleswig-Holstein verfasst, der seinerseits aus einer mit sehr gut bewerteten Seminararbeit hervorgegangen war. Sie hat zudem als fachkundige Referentin beim 2016 veranstalteten Eutiner Arbeitsgespräch zur norddeutschen Reisegeschichte, bei der Ringvorlesung zu Expeditionen Kieler Wissenschaftler im Sommersemester 2016 sowie bei der Plöner Tagung zu den „kleinen" Herzögen von Sonderburg-Plön im Mai desselben Jahres mitgewirkt und in diesem Zusammenhang das jeweilige Auditorium nicht nur durch ihren druckreifen Vortrag, sondern und mehr noch durch ihre ruhige Sicherheit in der sich daran anschließenden Diskussion tief beeindruckt.

Lisa Kraghs hervorragende, 2015 fertiggestellte Masterarbeit wurde – nach dem gerade Gesagten kaum mehr überraschend – im nun schon oft genannten Jahr 2016 mit dem Preis der Gesellschaft für Schleswig-Holsteinische Geschichte für herausragende Nachwuchsarbeiten prämiert. Insofern liegt es gewissermaßen nur in der Konsequenz der Sache begründet und stellt einen weiteren Markstein in der jetzt schon beachtlichen Reihe von Erfolgen einer jungen, hoffnungsvollen Nachwuchswissenschaftlerin dar, dass ihr wissenschaftliches Erstlingswerk Aufnahme in die „rote" Reihe der Kieler Abteilung für Regionalgeschichte findet. Das geschieht aus inhaltlichen wie formalen Gründen. Frau Kraghs Arbeit besticht nämlich durch einen klaren Aufbau und eine flüssig zu lesende Sprache zugleich. Sie verdient Respekt zumal durch eine an Umfang wirklich beachtliche Sichtung der vorhandenen Literatur und der überlieferten Quellen, wobei besonders hervorzuheben ist, dass ein Großteil dieser Quellen aus ungedruckten Berliner Archivbeständen geschöpft worden ist. Dies ist in der heutigen Zeit für eine studentische Abschlussarbeit alles andere als selbstverständlich und verdient umgekehrt umso größere Anerkennung. Frau Kraghs Darstellung zeichnet sich nicht zuletzt durch eine sensible Annäherung an das von ihr näher untersuchte historische Phänomen aus, das sie differenziert auseinanderzusetzen weiß. Ein solches Vorgehen zeugt von einer beachtlichen geistigen Durchdringung der komplexen Materie. Mit ihrem wissenschaftlichen Erstlingswerk leistet Frau Kragh auf diese Weise einen ernstzunehmenden, da die Diskussion konstruktiv weiterführenden Beitrag zur Geschichte der Meeresforschung, der gewiss nicht nur im Fach Geschichte, sondern auch bei den Meeresbiologen auf eine fruchtbare Resonanz stoßen wird. Frau Kragh schlägt somit eine vielversprechende Brücke zwischen den Disziplinen, ohne sich in abgehobenen natur- wie geisteswissenschaftlichen Spezialdebatten zu verlieren. Vor allem aber zeigt Frau Kragh im Gesamten eindrücklich und überzeugend, dass Naturwissenschaften nie nur eine reine, unparteiische, objektive Form der Wissenschaft darstellen, sondern stets nur vernetzt mit der sie umgebenden Gesellschaft und in Begegnung mit deren Interessen und Bedürfnissen zu verstehen sind.

Seit September 2015 forscht und lehrt die Verfasserin nun als wissenschaftliche Mitarbeiterin der Kieler Regionalgeschichte, wobei sie sich in ihrem aussichtsreichen Dissertationsvorhaben intensiv mit einem verwandten Thema unter dem Arbeitstitel „Nützlich – ruhmreich – lukrativ? Der Aufstieg der Naturwissenschaften im 19. Jahrhundert am Kieler Beispiel" befasst. Schon jetzt sind wir auf die konkreten Untersuchungsergebnisse mehr als gespannt. Ein wesentlicher Grundstein dazu ist durch eine konzise wie gründliche wissenschaftliche Ausbildung an der CAU gelegt worden, wie nicht zuletzt ihre prämierte Masterarbeit vor Augen führt. Mit deren Thema reiht sich Frau Kragh nicht nur in die mittlerweile stattliche Zahl von Nachwuchswissenschaftlern und –innen ein, die an der Regionalgeschichte der CAU nachhaltig zum Schwerpunktfeld der Kieler Universitätsgeschichte forschen. Sie hat damit in gewisser Weise auch schon ausschnittsweise ihrem Dissertationsthema vorgegriffen, das auch die Schnittmenge von Naturwissenschaften und Gesellschaft hinterfragt.

An dieser Stelle möchte ich Frau Kragh ganz herzlich für ihr stets unermüdliches Engagement für die Kieler Regionalgeschichte danken und ihr für ihren weiteren Karriereweg alles Gute wünschen! Möge ihr die Drucklegung ihrer sehr guten Masterarbeit Ansporn für weitere Erfolge auf dem weiten Feld der schleswig-holsteinischen Landes- und Regionalgeschichte sein!

Oliver Auge   Kiel, im Januar 2017

Danksagung

Obwohl am Ende nur eine Person auf dem Buchdeckel steht, verdienen auch all diejenigen Dank und Anerkennung, die auf verschiedenste Weise zur Realisierung dieser Publikation beigetragen haben. Da es sich hierbei um eine leicht überarbeitete Fassung meiner im Jahr 2015 verfassten Masterarbeit handelt, sind allen voran meine beiden Gutachter, Prof. Dr. Oliver Auge und Martin Göllnitz, zu nennen, die mich auf das Thema der Kieler Meeresforschung stießen und damit meine andauernde Faszination für die Geschichte der Naturwissenschaften im 19. Jahrhundert weckten. Hierfür wie auch für ihre zahlreichen wertvollen Hinweise und ihre stete Unterstützung sei beiden an dieser Stelle ganz herzlichst gedankt.

Eine Studie wie die vorliegende steht und fällt mit der Reichhaltigkeit der zu Rate gezogenen Quellen. Aus diesem Grund möchte ich den vielen Archivmitarbeiterinnen und -mitarbeitern, die durch Hinweise auf relevante Bestände und ein offenes Ohr für Fragen wesentlich zum Gelingen dieser Arbeit beigetragen haben, vielmals für Ihre Unterstützung danken. Dies gilt insbesondere für Thomas Breitfeld (Geheimes Staatsarchiv Preußischer Kulturbesitz), Dr. Vera Enke (Archiv der Berlin-Brandenburgischen Akademie der Wissenschaften), Simone Langner (Bundesarchiv Berlin-Lichterfelde) und Marion Dernehl (Landesarchiv Schleswig-Holstein).

Für die finanzielle Unterstützung bei der Realisierung dieser Publikation bin ich der Prof. Dr. Werner-Petersen-Stiftung sowie dem Zentrum für interdisziplinäre Meereswissenschaften Kiel Marine Science zu großem Dank verpflichtet. In dieser Hinsicht gebührt auch dem Vorstand der Gesellschaft für Schleswig-Holsteinische Geschichte ein herzliches Dankeschön für die Auszeichnung dieser Arbeit mit dem von Ernst Georg Jarchow gestifteten Nachwuchspreis für das Jahr 2016.

Nicht zuletzt bin ich all denen tagtäglich dankbar, die mich in meiner wissenschaftlichen Arbeit auf verschiedenste Weise voranbringen und begleiten: Swantje Piotrowski, Karen Bruhn, Dr. Katja Hillebrand, Knut Kollex sowie David Hölscher und meiner gesamten Familie.

Lisa Kragh   Kiel, im Februar 2017

Inhaltsverzeichnis

I. Einleitung

I.1 Hinführung

Sechs Kieler Wissenschaftler, 16.000 Seemeilen, dreizehn Wochen und mehr als 140 Planktonzüge – auf diese knappe Formel lässt sich die Planktonexpedition von 1889 bringen, deren Auswertung mehrere Dutzend Forscher und Nachwuchswissenschaftler über zwanzig Jahre lang beschäftigte.[1] Die praktische wissenschaftliche Arbeit an Bord des zum Forschungsschiff umgerüsteten Dampfers *National* schilderte Teilnehmer Otto Krümmel (1854–1912), Ordinarius für Geographie, im ersten Band des Expeditionsberichts:

„Unmittelbar nach dem Frühstück [...] folgte der erste Planktonzug, Anfangs 400, später meist 200 m vertikal aufwärts, darauf ein Zug mit dem Vertikalnetz, meist von 400 m Tiefe aufwärts, endlich Schliessnetzzüge in variablen Tiefen. Die Fänge wurden von Prof. Brandt, Dr. Schütt und Dr. Dahl in Empfang genommen, sofort sortirt und konservirt, was regelmässig die Vormittagsstunden, öfter die Zeit bis gegen 2 oder 3 Uhr Nachmittags in Anspruch nahm. Das Herablassen der Netze dirigirte in den ersten Tagen der Leiter der Expedition persönlich [...]. Sobald die Netzzüge beendet waren und der Dampfer wieder Fahrt machte, nahm ich meine Wasserproben zur Untersuchung des specifischen Gewichts mit Aräometer, Refraktometer oder Chlortitrirung, und Prof. Fischer schöpfte mit einem einfachen sterilisirten Schöpfröhrchen eine Probe zur Untersuchung der Meeresbacillen, oder er nahm Luftproben zum gleichen Zwecke; das Aussäen, Umpflanzen und die mikroskopische Untersuchung seiner Fänge hielt ihn fast den ganzen Tag in dem Deckhäuschen über unserem Bibliotheksraum fest. Der Maler Eschke machte Skizzen von Seegang oder Scenen an Bord, oder auch Studien von Wolkenformen."[2]

---

1 Zu diesen Zahlen und dem Verlauf der Expedition im Allgemeinen siehe Karl BRANDT, Ueber die biologischen Untersuchungen der Plankton-Expedition, in: Naturwissenschaftliche Rundschau 5 (1890), S. 112–114, hier S. 113; Eric L. MILLS, Biological Oceanography. An Early History, 1870–1960, Ithaca u. a. 1989, S. 26; David M. DAMKAER und Tenge MROZEK-DAHL, The Plankton-Expedition and the Copepod Studies of Friedrich and Maria Dahl, in: Oceanography. The Past. Proceedings of the 3rd International Congress on the History of Oceanography held September 22–26, 1980, at the Woods Hole Oceanographic Institution, Woods Hole, Mass., USA, hrsg. von Mary SEARS, New York u. a. 1980, S. 462–473, hier S. 464.

2 Otto KRÜMMEL, Die Fahrt durch den Nordatlantischen Ocean nach den Bermudas-Inseln, in: Reisebeschreibung der Plankton-Expedition nebst Einleitung von Dr. Hensen und Vorberichten von Drr. Dahl, Apstein, Lohmann, Borgert, Schütt und Brandt, hrsg. von Otto KRÜMMEL, Kiel u. a. 1892 (Ergebnisse der Plankton-Expedition der Humboldt-Stiftung Bd. 1), S. 47–69, hier S. 53.

Anschaulich zeigt diese kurze Alltagsskizze den klar strukturierten Tages-
ablauf in diesem schwimmenden Labor, das der Oberaufsicht des Initiators
und Leiters der Planktonexpedition, dem Kieler Ordinarius für Physiologie
Victor Hensen (1835–1924), unterstand. Für die vielfältigen Aufgaben fand
Hensen unter seinen Kollegen an der Christian-Albrechts-Universität zu Kiel
(CAU) die nötige interdisziplinäre Expertise: Hierzu gehörten zwei Zoologen,
der Ordinarius Karl Brandt (1854–1931) und sein Assistent Friedrich Dahl
(1856–1929), ein Botaniker, der Assistent am Botanischen Institut Franz
Schütt (1859–1921), der bereits erwähnte Geograph Krümmel und der weit-
gereiste Marinearzt und außerordentliche Professor der Hygiene Bernhard
Fischer (1852–1915).[3]

Die mühsamere Arbeit begann jedoch erst nach der Heimkehr der For-
schungsreisenden nach Kiel: In minutiöser Kleinarbeit zählten und sortierten
Nachwuchswissenschaftler und Hilfskräfte die in den Proben enthaltenen
Mikroorganismen mithilfe eines speziell zu diesem Zweck entworfenen
Mikroskops.[4] Expeditionsleiter Hensen veranschlagte für diese Tätigkeit in
seiner Kostenaufstellung 3.600 Arbeitstage, die auf sechs Untersucher verteilt in zwei Jahren abgeleistet werden sollten.[5] Anhand der Resultate dieser
unvorstellbaren Fleißarbeit wollten er und seine Mitstreiter die Frage beant-
worten, die dem gesamten Unternehmen zugrunde lag: Die Frage nach der
quantitativen Verteilung des Planktons im offenen Ozean.[6]

---

3   Für akademische Kurzviten aller Teilnehmer siehe Friedrich VOLBEHR und
    Richard WEYL, Professoren und Dozenten der Christian-Albrechts-Universität
    zu Kiel 1665–1954. Mit Angaben über die sonstigen Lehrkräfte und die Uni-
    versitäts-Bibliothekare und einem Verzeichnis der Rektoren, 4. Aufl. bearb. von
    Otto BÜLCK und Hans-Joachim NEWIGER, Kiel 1956 (Veröffentlichungen der
    Schleswig-Holsteinischen Universitätsgesellschaft Bd. 7), S. 80 (Hensen), 81
    (Fischer), 149 (Krümmel), 150 (Brand), 212 (Dahl, Schütt).
4   Für eine Abbildung des Hensen'schen Zählmikroskops siehe Brigitte LOHFF und
    Reinhard KÖLMEL, Victor Hensens Wirken an der Christian-Albrechts-Univer-
    sität. Zum 150jährigen Geburtstag des Kieler Physiologen und Meeresforschers,
    in: Christiana Albertina (1985) H. 21, S. 45–56, hier S. 52. Vgl. hierzu auch
    Olaf BREIDBACH, Über die Geburtswehen einer quantifizierenden Ökologie.
    Der Streit um die Kieler Planktonexpedition von 1889, in: Berichte zur Wissen-
    schaftsgeschichte 13 (1990) H. 2, S. 101–114, hier S. 108.
5   Geheimes Staatsarchiv Preußischer Kulturbesitz (GStA PK), I. HA Rep. 76 Kul-
    tusministerium, Vc Sekt. 1 XI Teil V C Nr. 12 Bd. 1, Organisation und Durch-
    führung der Planktonexpedition, Anlage II zur Immediateingabe: Voranschlag
    und dessen Motivierung, Bl. 66. – Bei 1.500 M jährlicher Bezahlung kalkulierte
    Hensen hierfür Kosten von insgesamt 18.000 M (ebd.).
6   Zur Zielsetzung siehe Victor HENSEN, Entwicklung des Reiseplans, in: Reise-
    beschreibung der Plankton-Expedition nebst Einleitung von Dr. Hensen und
    Vorberichten von Drr. Dahl, Apstein, Lohmann, Borgert, Schütt und Brandt,

Die Fachwelt verfolgte das Vorhaben des Kieler Forschungskollektivs mit gespannter Aufmerksamkeit. Als wenige Monate nach der Rückkehr der *National* erste Ergebnisse an die Öffentlichkeit drangen, spalteten diese die Fachwissenschaftler in zwei Lager, deren Anführer sich in einer heftigen Kontroverse bekriegten.[7] Losgetreten hatte diesen Forschungsstreit der Jenaer Zoologe Ernst Haeckel (1834–1919), der – selbst ein Verfechter der klassifizierend-morphologischen Biologie – die Hensensche Methode als grundsätzlich fehlgeleitet diskreditierte.[8] Aus heutiger Perspektive jedoch stehen die wissenschaftliche Innovationskraft der Planktonexpedition und insbesondere auch der daraus erwachsenen ‚Kieler Schule'[9] für die biologische Ozeanographie mit ihrem Fokus auf die Produktionszyklen der Ozeane außer Frage.[10]

Die Planktonexpedition leistete also einen grundlegenden Beitrag zur Meeresforschung. Entsprechend umfangreich ist auch die Zahl wissenschaftshistorischer Beiträge, die das Forschungsvorhaben und insbesondere Victor Hensen als dessen Vordenker würdigen. Hierbei tun sich – was noch zu erläutern sein wird – insbesondere die heutigen Vertreter des meereswissenschaftlichen Instituts in Kiel hervor, jüngst Gerd Hoffmann-Wieck in einem Beitrag zur Festschrift der Christian-Albrechts-Universität anlässlich ihres 350-jährigen Bestehens.[11]

Wie Hensen jedoch selbst schrieb, liegen „diese schwierigen und höchstens ein gewisses befremdetes Staunen erregenden Untersuchungen [...] dem Laien ungefähr so fern wie irgend möglich".[12] Umso erstaunlicher scheint es deshalb, dass das Unternehmen in der Tagespresse durchaus intensiv rezipiert wurde. Wie es in einem Beitrag aus der *Täglichen Rundschau* von 1891 hieß, hielten „zahlreiche Zeitungsartikel" die Allgemeinheit „über die glücklich

---

hrsg. von Otto KRÜMMEL, Kiel u. a. 1892 (Ergebnisse der Plankton-Expedition der Humboldt-Stiftung Bd. 1), S. 3–17. – Eine differenziertere Betrachtung des Erkenntnisinteresses der Expedition wird im weiteren Verlaufe der Arbeit nachgeliefert.

7   Siehe hierzu ausführlich Kap. II.3.1.

8   Ernst HAECKEL, Plankton-Studien. Vergleichende Untersuchungen über die Bedeutung und Zusammensetzung der Pelagischen Fauna und Flora, Jena 1890.

9   Den Begriff der *Kiel school of planctology* prägte MILLS, Oceanography. – Siehe hierzu Kap. II.3.2.

10   Ebd., Oceanography, S. 2f.

11   Gerd HOFFMANN-WIECK, Das GEOMAR Helmholtz-Zentrum für Ozeanforschung Kiel und die Geschichte der Kieler Meereskunde, in: Christian-Albrechts-Universität zu Kiel. 350 Jahre Wirken in Stadt, Land und Welt, hrsg. von Oliver AUGE, Kiel 2015, S. 697–721.

12   GStA PK, I. HA Rep. 76 Kultusministerium, Vc Sekt. 1 XI Teil V C Nr. 12 Bd. 2, Organisation und Durchführung der Planktonexpedition, Brief Hensens an von Goßler vom 28. Oktober 1890. – Leider sind Bde. 2 und 3 der Hauptakten des Kultusministeriums im Gegensatz zum ersten Band nicht paginiert.

vollendete Fahrt auf dem Laufenden und mit den Hoffnungen auf die zu erwartenden bedeutenden Ergebnisse in Athem."[13] Auch die sich zwischen Haeckel und Hensen entfaltende Kontroverse fand in der Tagespresse ein lebhaftes Echo.[14] Die fortwährende Anteilnahme an Hensens Projekt wurde aber wohl kaum von dem Wunsch entfacht, sich über die Verteilung ozeanischer Mikroorganismen in Abhängigkeit von verschiedenen biotischen und abiotischen Faktoren belehren zu lassen. Worin also lag die Faszination für Nicht-Wissenschaftler? „Die Aufmerksamkeit der Fachleute ist ihr [der Planktonexpedition] schon lange gesichert, die des großen Publicums ist angeregt worden durch das namhafte Geschenk, welches unser Kaiser ihr zugewandt hat" erklärte der Verfasser eines Artikels in der Böhmischen Zeitung.[15] Dieses „namhafte Geschenk", nämlich ein Zuschuss zu den Expeditionskosten in Höhe von 70.000 Mark, signalisierte dem Volk eine Bedeutung des Vorhabens jenseits aller wissenschaftsimmanenten Legitimation.

Denn damit stammte der Löwenanteil der Projektmittel von insgesamt 105.600 Mark von allerhöchster Stelle. Als weitere Financiers traten die Preußische Akademie der Wissenschaften (24.600 Mark), die Sektion für Küsten- und Hochseefischerei des Deutschen Fischereivereins (10.000 Mark) und ein privater Geldgeber (1.000 Mark) auf. Zur Beteiligung Kaiser Wilhelms II. (1859–1941) an der Finanzierung kam es durch die engagierte Vermittlung des amtierenden Kultusministers Gustav von Goßler (1838–1902), der sich gegenüber dem Finanzminister, dem Reichskanzler und in letzter Instanz dem Kaiser dafür verwandte, „daß dem von Hensen und Genossen geplanten Unternehmen sowohl in wissenschaftlicher wie in wirtschaftlicher und namentlich auch in nationaler Beziehung eine ungewöhnliche Bedeutung beizumessen" sei.[16]

---

13 „Die neueren Forschungen über den Stoffwechsel des Meeres" von Carus Sterne, in: Tägliche Rundschau, Unterhaltungsbeilage vom 14. März 1891; abgedruckt in Victor HENSEN, Die Plankton-Expedition und Haeckel's Darwinismus. Ueber einige Aufgaben und Ziele der beschreibenden Naturwissenschaften, Kiel u. a. 1891, S. 80–83.

14 Vgl. hierzu Kap. II.3.2.

15 „Hensens wissenschaftliche Expedition zur Erforschung der See I", in: Böhmische Zeitung vom 28. Juli 1889; enthalten in GStA PK, I. HA Rep. 76 Kultusministerium, Vc Sekt. 1 XI Teil V C Nr. 12 Bd. 1, Organisation und Durchführung der Planktonexpedition, Bl. 173.

16 GStA PK, I. HA Rep. 76 Kultusministerium, Vc Sekt. 1 XI Teil V C Nr. 12 Bd. 1, Organisation und Durchführung der Planktonexpedition, Briefentwurf Goßlers an Scholz vom 24. November 1888, Bl. 33–39 – In ähnlich lautenden Formulierungen ebd., Briefentwurf Goßlers und Scholz' an Bismarck vom 2. Januar 1889, Bl. 46; sowie ebd. Briefentwurf Goßlers, Scholz' und Bismarcks an Wilhelm II. vom 15. Januar 1889, Bl. 50–56.

Dieses Legitimationscluster, dessen Genese eine Gemeinschaftsarbeit mehrerer Akteure war – was im weiteren Verlaufe der Arbeit noch detailliert herausgearbeitet werden wird –, birgt in sich den Grund dafür, warum sich neben Wissenschaftlern auch Politiker, Wirtschaftsvertreter und eine breitere Öffentlichkeit für die Kieler Planktonfahrt interessierten; dies wiederum ist illustrativ für die Erkenntnis der Kontextsensitivität von Wissenschaft, die sich seit den 1980er Jahren in der Wissenschaftsgeschichte etabliert und zu einem neuen Wissenschaftsbegriff und spannenden neuen Fragen an die Wissenschaftsgeschichte geführt hat.[17] Wissenschaft ist nunmehr als Prozess zu verstehen, in dem neben intellektuellen auch psychologische und soziologische Komponenten zum Tragen kommen und der in einem interdependenten Verhältnis zu seinem politischen und gesellschaftlichen Kontext steht.[18] Erst dieses neue Wissenschaftsverständnis führte letztlich dazu, dass Wissenschaftsgeschichte heute nicht mehr nur aus der jeweiligen Fachwissenschaft heraus betrieben wird, sondern verstärkt auch von Historikern; denn hier eröffnet sich nun die Möglichkeit, die Geschichte der Wissensproduktion mit allgemeingeschichtlichen Fragen in einen fruchtbaren Zusammenhang zu bringen und dadurch unser Wissen in beiden Teilbereichen zu vertiefen. Wie dies im Folgenden umgesetzt werden soll und welche Fragen zu diesem Zweck an die Planktonexpedition gestellt werden können, konkretisiert das folgende Kapitel.

I.2 Erkenntnisinteresse und Fragestellung

Dass die Planktonexpedition, wie wissenschaftliche Forschungsarbeit im Allgemeinen, nicht im Elfenbeinturm wissenschaftlicher Weltabgewandtheit stattfand, sondern durch aktuelle politische, gesellschaftliche und wirtschaftliche Gegebenheiten beeinflusst, ja gar erst ermöglicht wurde, kann angesichts des heutigen Forschungsstandes der Wissenschaftsgeschichte als Selbstverständlichkeit abgetan werden. Auch ist die vorliegende Arbeit keineswegs die erste, die dem expeditionsgeschichtlichen Desiderat einer intensivierten

---

17 Wolfgang WOELK und Frank SPARING, Forschungsergebnisse und -desiderate der deutschen Universitätsgeschichtsschreibung. Impulse einer Tagung, in: Universitäten und Hochschulen im Nationalsozialismus und in der frühen Nachkriegszeit, hrsg. von Karen BAYER und DENS., Stuttgart 2004, S. 7–32, hier S. 22.
18 Vgl. hierzu und zum Folgenden Sylvia PALETSCHEK, Stand und Perspektiven der neueren Universitätsgeschichte, in: Zeitschrift für Geschichte der Wissenschaften, Technik und Medizin 19 (2011) H. 2, S. 169–189, hier S. 171; Angela SCHWARZ, Der Schlüssel zur modernen Welt. Wissenschaftspopularisierung in Großbritannien und Deutschland im Übergang zur Moderne (ca. 1870–1914), Stuttgart 1999 (Vierteljahrschrift für Sozial- und Wirtschaftsgeschichte Beihefte Bd. 153), S. 31.

Beschäftigung mit den Motiven, Interessen und Erwartungen aller beteiligten Akteure in Bezug auf Hensens Projekt nachzukommen versucht.[19] So resümiert beispielsweise Walter Lenz in seinem aufschlussreichen Beitrag über den Zusammenhang von maritimen Interessen und Meeresforschung in Preußen, dass die Planktonexpedition nur vor dem Hintergrund des deutschen Strebens nach wirtschaftlicher und politischer Weltgeltung realisiert werden konnte.[20] Auch Franziska Tormas kürzlich erschienener Aufsatz zum Thema ordnet das Unternehmen der deutschen Weltmachtaspiration zu.[21] Warum also noch eine Arbeit zur Planktonexpedition?

Es sind vor allem zwei Argumente, die dies legitimieren: Zwar bestätigte sich im Verlauf der Untersuchung die vielerorts vertretene Ansicht, dass die beginnende Hinwendung Deutschlands zur See eine wichtige Rolle bei der Entscheidung für die Finanzierung des Kieler Projekts vonseiten der Regierungsvertreter spielte – doch ist es das eine, einen solchen Hintergrund zu postulieren und das andere, diesen auf der Basis eines intensiven Quellenstudiums auch zu belegen und darauf aufbauend einen Versuch zu wagen, diesen gegenüber anderen Aspekten zu gewichten. So darf hier schon vorweggenommen werden, dass sich die in der Literatur immer wiederkehrende These, der Schiffsname *National* sei Ausdruck dieser politischen Komponente der Forschungsfahrt, als unhaltbar herausgestellt hat.[22] Zum anderen geht das Erkenntnisinteresse dieser Arbeit über eine Rekonstruktion der involvierten Motivik deutlich hinaus. Wie noch ausführlicher zu erläutern sein wird, dient dieses Einzelereignis hier vielmehr als Ausgangspunkt für die Untersuchung sie unterlagernder allgemeinerer Prozesse.

Wenn der erste Teil der zugrundeliegenden Fragestellung also dahingeht, die in irgendeiner Form an der Kieler Planktonfahrt beteiligten Akteure in

---

19   Vgl. Oliver Auge und Martin Göllnitz, Kieler Professoren als Erforscher der Welt und als Forscher in der Welt. Ein Einblick in die Expeditionsgeschichte der Christian-Albrechts-Universität, in: Christian-Albrechts-Universität zu Kiel. 350 Jahre Wirken in Stadt, Land und Welt, hrsg. von Oliver Auge, Kiel 2015, S. 947–970, hier S. 966.

20   Walter Lenz, Über die Entwicklung maritimer Interessen Preußens und seiner Meeresforschung 1640 bis 1900, in: Historisch-Meereskundliches Jahrbuch 4 (1997), S. 9–18, hier S. 17.

21   Franziska Torma, Wissenschaft, Wirtschaft und Vorstellungskraft. Die „Entdeckung" der Meeresökologie im Deutschen Kaiserreich, in: Weltmeere. Wissen und Wahrnehmung im langen 19. Jahrhundert, hrsg. von Alexander Kraus und Martina Winkler, Göttingen u. a. 2014 (Umwelt und Gesellschaft Bd. 10), S. 25–45, hier S. 45.

22   Vgl. hierzu ausführlicher Kap. II.2.5. – Die angesprochene These findet sich beispielsweise bei Torma, Wissenschaft, S. 25; sowie Breidbach, Geburtswehen, S. 111.

Bezug auf ihre jeweiligen Motive und Erwartungen, ihre Handlungs- und Kommunikationsstrategien sowie ihre Vernetzung untereinander zu untersuchen, so nimmt dies im Folgenden zwar breiten Raum ein, stellt aber dennoch nur die sprichwörtliche Spitze des Eisbergs dar. Setzt man die Untersuchung jenseits des weithin Sichtbaren fort, so ermöglicht die von der Planktonexpedition ausgehende Betrachtung darüber hinaus Einblicke in die sie unterlagernden Bedingungsschichten: Denn die Fahrt der *National* fällt nicht nur in eine Zeit politischer und ökonomischer Umbrüche und Neuorientierungen, sondern muss auch mit einer sich rapide wandelnden Wissenschaftslandschaft in Zusammenhang gebracht werden. Diese wiederum fand parallel zu und in wechselseitiger Abhängigkeit von einer Neuverhandlung des Verhältnisses und der gegenseitigen Wahrnehmung von Wissenschaft und Politik sowie Wissenschaft und Gesellschaft statt. Entsprechend richtet sich der zweite erkenntnisleitende Fragenkomplex auf Indikatoren für all diese Entwicklungen, die sich in der Geschichte der Planktonexpedition widerspiegeln und die zum Teil von den beteiligten Akteuren sehr bewusst wahrgenommen und in ihre Handlungsstrategien integriert wurden. Diese Ausrichtung ermöglicht die eingangs bereits erwähnte wünschenswerte Integration der Wissenschaftsgeschichte in die allgemeine Geschichte.[23] Dass dabei zum Teil schlaglichtartig vorgegangen werden muss, ist angesichts des vorgesehenen Umfangs dieser Arbeit unumgänglich.[24]

I.3 Theoretische Grundannahmen und methodisches Vorgehen

Jeder Historiker, der sich auf das Gebiet der Wissenschaftsgeschichte begibt, sieht sich mit einer Grundsatzfrage konfrontiert: Wieviel Wissenschaft gehört in die Wissenschaftsgeschichte? Die Meinungen hierzu sind gespalten.[25] Wenn Georges Canguilhem schreibt, „the object of the history of science has nothing to do with the object of science", so ist dies eine überspitzte Formulierung, die nicht uneingeschränkt anerkannt werden kann.[26] Doch hat sie insofern

---

23 Vgl. AUGE/GÖLLNITZ, Professoren, S. 947.
24 Da dadurch der Fokus dieser Arbeit klar auf den Schnittstellen zwischen Wissenschaft und anderen Gesellschaftssphären liegt, kann hier weder eine ausführliche disziplingeschichtliche Erläuterung der Erkenntnisse der Expedition, noch eine biographische Erfassung derjenigen Expeditionsteilnehmer erfolgen, die in diesen Zusammenhängen in den Quellen nicht auftauchen.
25 Eine Übersicht über diese Grundsatzdiskussion liefert Helge KRAGH, An Introduction to the Historiography of Science, Cambridge u. a. 1987, S. 21–31.
26 Georges CANGUILHEM, Wissenschaftsgeschichte und Epistemologie. Gesammelte Aufsätze, übers. von Michael BISCHOFF, hrsg. von Wolf LEPENIES, 1. Aufl., Frankfurt am Main 1979, S. 8.

einen wahren Kern, als die konkreten kognitiven Inhalte wissenschaftlicher Forschung („the object of science") in der neueren Wissenschaftsgeschichtsforschung, wie bereits näher ausgeführt, nur einen Interessensschwerpunkt (ein „object of the history of science") darstellen; dabei rücken sie nicht selten gegenüber der Beschäftigung mit ihren Produktionskontexten in den Hintergrund. Doch was ist eine Wissenschaftsgeschichte ohne Wissenschaft? Um nicht nur das vielzitierte „leere Gehäuse"[27] zu liefern, war es auch für die vorliegende Studie unumgänglich, die der betrachteten Wissenschaftsdisziplin zugrundeliegenden Prinzipien zumindest ansatzweise zu verstehen. Diese sind zwangsläufig auf das Engste mit ihrer Fachgeschichte verknüpft: Auf Hensens wissenschaftlichen Innovationen baute einer der Argumentationsstränge für die Finanzierung der Expedition auf, sie waren Mitursache für den sich anschließenden Forschungsstreit und auch Grundlage für die Entstehung der ‚Kieler Schule' der Meereswissenschaft, die internationale Anerkennung erfuhr, was sich wiederum auf den Standort Kiel zurückwirkte.[28]

Obwohl also an der Bedeutung eines gewissen Fachverständnisses für eine integrative Wissenschaftsgeschichte kein Zweifel besteht, soll hier nicht verschwiegen werden, dass Historiker ohne Doppelqualifikation, also auch die Verfasserin, in diesem Zusammenhang zwangsläufig auf einem rudimentären Kenntnisstand verharren müssen.[29] Eine verstärkte interdisziplinäre Zusammenarbeit in der Wissenschaftsgeschichte könnte diesem Problem zukünftig abhelfen und Historiker und Fachwissenschaftler damit aus ihrer „Koexistenz […] aus gegenseitiger Ignoranz" hinausführen.[30]

Eines sollte inzwischen hinreichend deutlich geworden sein: Eine Verbindung von *content* und *context* ist in der Wissenschaftshistoriographie unerlässlich. Als Methode, um diesem Anspruch gerecht zu werden, hat sich der biographische Ansatz als besonders geeignet herausgestellt.[31] Ein

---

27   Rüdiger vom BRUCH, Methoden und Schwerpunkte der neueren Universitätsgeschichtsforschung, in: Die Universität Greifswald und die deutsche Hochschullandschaft im 19. und 20. Jahrhundert. Kolloquium des Lehrstuhls für Pommersche Geschichte der Universität Greifswald in Verbindung mit der Gesellschaft für Universitäts- und Wissenschaftsgeschichte, hrsg. von Werner BUCHHOLZ, Stuttgart 2004 (Pallas Athene Bd. 10), S. 9–26, hier S. 10.
28   Siehe hierzu ausführlich Kap. II.3.
29   PALETSCHEK, Stand, S. 175.
30   Helmuth TRISCHLER, Geschichtswissenschaft – Wissenschaftsgeschichte. Koexistenz oder Konvergenz?, in: Berichte zur Wissenschaftsgeschichte 22 (1999) H. 4, S. 239–256, hier S. 241. – Zum Desiderat der Interdisziplinarität siehe AUGE/GÖLLNITZ, Professoren, S. 948.
31   Siehe hierzu und zum Folgenden Margit SZÖLLÖSI-JANZE, Lebens-Geschichte – Wissenschafts-Geschichte. Vom Nutzen der Biographie für Geschichtswissenschaft und Wissenschaftsgeschichte, in: Berichte zur Wissenschaftsgeschichte 23

personenzentrierter Zugang erlaubt es, die Komplexität menschlichen Handels narrativ zu bewältigen, indem die Fokussierung auf einzelne Personen die durch sie gefilterten und exemplifizierten zeittypischen Strömungen einzufangen hilft.[32] Anstatt also das Individuum aus sozialkonstruktivistischer Kontextsensibilität in der „black box verschwinden zu lassen", berücksichtigt die Forscherbiographie, dass Wissenschaft immer eine Aktivität von Individuen ist;[33] nur muss deren Handeln stets im Spannungsfeld zwischen Selbstbestimmung und kontextueller Determinierung analysiert werden.[34]

Für die Fragestellungen, die dieser Studie zugrunde liegen, ist es auch deshalb äußerst profitabel, die Lebensläufe der Akteure verstärkt in den Blick zu nehmen, weil dadurch immer wieder Vernetzungen zwischen den Beteiligten aufscheinen, die nicht selten ein neues Licht auf die Hintergründe ihres Handelns werfen. Denn dass sich Freundschaften wie auch Antipathien auf die wissenschaftliche – und die politische etc. – Interaktion in nicht unerheblichem Maße auswirken können, ist wohl jedem vertraut, der selbst in diesem Bereich tätig ist. Daneben können sich die Lebensläufe aber auch indirekt bedingen, wenn beispielsweise die Wegberufung eines Wissenschaftlers die Berufung eines anderen ermöglichte und so dessen Lebensweg entscheidend prägte oder auch umgekehrt, wenn ein Ordinarius seinen Lehrstuhl jahrzehntelang besetzte und somit dem wissenschaftlichen Nachwuchs und oft – wie im vorliegenden Fall – seinen eigenen Schülern die Chance nahm, vor Ort auf

(2000), S. 17–35, hier S. 20f. und passim. – Nachdem der personengeschichtliche Ansatz in der Geschichtsforschung v.a. unter dem kritischen Blick der historischen Sozialwissenschaft lange Zeit als theoriefern, unkritisch und rückwärtsgewandt galt, verkünden Historiker heute vielerorts eine neue Konjunktur der biographischen Methode und deren wissenschaftliche Rehabilitation. Vgl. Christoph MEINEL, Vorwort, in: Die biographische Spur in der Kultur- und Wissenschaftsgeschichte, hrsg. von Peter ZIGMAN, Jena 2006, S. 5–7, hier S. 6; WOELK/SPARING, Forschungsergebnisse, S. 27; Michael SHORTLAND und Richard YEO, Preface, in: Telling Lives in Science. Essays on Scientific Biography, hrsg. von DENS., Cambridge 1996, S. xiii–xiv, hier S. xiii; SZÖLLÖSI-JANZE, Lebens-Geschichte, S. 19.

32   Vgl. Thomas SÖDERQVIST, Existential Projects and Existential Choice in Science. Science Biography as an Edifying Genre, in: Telling Lives in Science. Essays on Scientific Biography, hrsg. von Michael SHORTLAND und Richard YEO, Cambridge 1996, S. 45–84, hier S. 46f.; MEINEL, Vorwort, S. 6; KRAGH, Introduction, S. 171.

33   TRISCHLER, Geschichtswissenschaft, S. 249.

34   Rüdiger vom BRUCH und Aleksandra PAWLICZEK, Einleitung. Zum Verhältnis von politischem und Wissenschaftswandel, in: Kontinuitäten und Diskontinuitäten in der Wissenschaftsgeschichte des 20. Jahrhunderts, hrsg. von DENS. und Uta GERHARDT, Stuttgart 2006 (Wissenschaft, Politik und Gesellschaft Bd. 1), S. 9–17, hier S. 10; sowie TRISCHLER, Geschichtswissenschaft, S. 248.

der Karriereleiter emporzusteigen. Derartige Beispiele lassen sich wiederum hervorragend an allgemeinere Entwicklungen in der Universitätslandschaft zurückbinden.

Ein innovatives Werkzeug für die Lebenslaufforschung bietet das Kieler Gelehrtenverzeichnis, eine Online-Datensammlung, die nicht nur Daten zu Person, akademischer Karriere, Genealogie und gesellschaftlichem Engagement der Kieler Professorenschaft bereitstellt – bisher allerdings bis auf wenige Ausnahmen lediglich für den Zeitraum 1919–1965 –, sondern darüber hinaus dank innovativer *Semantic Web* Technologie auf Basis dieser zu den Kieler Gelehrten erhobenen Daten weitreichende Analysen beispielsweise zu Sozialstrukturen, Vernetzung, wissenschaftlicher Migration, räumlichen wie fachlichen Schwerpunkten und vieles andere mehr ermöglicht.[35] Soweit in dem Online-Verzeichnis Einträge zu den relevanten Akteuren vorhanden sind, wurden diese als erste Anlaufstelle genutzt.

Unter anderem weil sie sich stets den Einwand mangelnder Beispielhaftigkeit gefallen lassen muss – was meint, dass Erkenntnisse in Bezug auf eine Einzelperson naturgemäß nicht ohne weiteres auf größere Bevölkerungsschichten übertragbar sind –, bleibt die biographische Methode aber stets nur eines von mehreren Werkzeugen historischer Analyse und Darstellung.[36] Da die folgenden Ausführungen auf einer breiten Quellenbasis fußen, die durch eine umfassende Literaturgrundlage ergänzt wird, darf dennoch erwartet werden, dass diese Studie zur Planktonexpedition und ihren Akteuren zeittypische Denk- und Handlungsmuster wird herausarbeiten können. Ein kurzer Abriss des zugrunde gelegten Materials soll den einleitenden Teil abschließen.

---

35 Das Verzeichnis ist zugänglich unter der URL <http://gelehrtenverzeichnis. de/>. – Für eine Einführung in die Thematik siehe Swantje PIOTROWSKI, Das Kieler Gelehrtenverzeichnis – Eine Online-Datensammlung als Werkzeug universitätsgeschichtlicher und biographischer Forschung, in: Jahrbuch für Universitätsgeschichte 16: Schwerpunkt: Professorenkataloge 2.0 – Ansätze und Perspektiven webbasierter Forschung in der gegenwärtigen Universitäts- und Wissenschaftsgeschichte, hrsg. von Oliver AUGE und DERS., Stuttgart 2013 [erschienen 2015], S. 153–169. – Ein praktisches Anwendungsbeispiel liefert Martin GÖLLNITZ, Das ‚Kieler Gelehrtenverzeichnis‘ in der Praxis. Karrieren von Hochschullehrern im Dritten Reich zwischen Parteizugehörigkeit und Wissenschaft, in: ebd., S. 291–312.

36 Mansur SEDDIQZAI, Neue Ansätze in der Geschichtsschreibung, in: Blumen für Clio. Einführung in Methoden und Theorien der Geschichtswissenschaft aus studentischer Perspektive, hrsg. von Sascha FOERSTER, Julia ten HAAF, Stefan Malte SCHUMACHER, DEMS., Tobias TENHAEF und Ruth Rebecca TIETJEN, Marburg 2011, S. 699–726, hier S. 699; SZÖLLÖSI-JANZE, Lebens-Geschichte, S. 30.

I.4 Quellen und Forschungsstand

Eingangs wurde bereits bemerkt, dass die Planktonexpedition und ihre Teilnehmer gerade von Kiel aus intensiv rezipiert worden sind. Zu nennen ist hier neben dem bereits erwähnten Gerd Hoffmann-Wieck z.B. auch der Geograph Gerhard Kortum, der seit den späten 1980er Jahren als Direktor und Kustos am Institut für Meereskunde der CAU tätig war und in dieser Zeit und noch bis kurz vor seinem Tod im Sommer 2013 eine Vielzahl von wissenschaftshistorischen Beiträgen zur Geschichte der Kieler Meeresforschung lieferte.[37] Jüngst gab das ansässige Institut außerdem einen Sammelband zum Thema *300 Jahre Meeresforschung an der Universität Kiel* heraus.[38] Der wichtige Beitrag, den diese Arbeiten für die Wissenschaftsgeschichte und auch für die vorliegende Studie leisten, indem sie ihr fachliches Wissen und oft für Historiker unzugängliche Dimensionen miteinbeziehen, wird hier nicht in Frage gestellt; jedoch müssen sie vor dem Hintergrund ihrer Entstehung aus geschichtswissenschaftlicher Perspektive auch kritisch betrachtet werden. Wenn es nämlich in der Einleitung des oben genannten Sammelbandes heißt, dass es aufgrund der wachsenden Konkurrenz um Gelder und Wissenschaftler mit anderen Standorten geboten erscheint, „auf die besonderen Verdienste und Vorzüge der Meeresforschung in Kiel hinzuweisen", so kann man von dem Werk kaum eine kritische Historiographie erwarten.[39] Vielmehr dient

---

37 Siehe hierzu die Titel unter Kortum, sowie Gerlach/Kortum, Paffen/Kortum und Ulrich/Kortum im Literaturverzeichnis.

38 Brigitte Lohff (Bearb.), 300 Jahre Meeresforschung an der Universität Kiel. Ein historischer Rückblick, Kiel 1994 (Berichte aus dem Institut für Meereskunde an der Christian-Albrechts-Universität Kiel Bd. 246).

39 O.A., Einleitung, in: 300 Jahre Meeresforschung an der Universität Kiel. Ein historischer Rückblick, Kiel 1994 (Berichte aus dem Institut für Meereskunde an der Christian-Albrechts-Universität Kiel Bd. 246), S. 1–2, hier S. 1. – An dieser Stelle soll nicht verschwiegen werden, dass m. E. bereits der Titel *300 Jahre Meeresforschung an der Universität Kiel* problematisch ist, denn dieser setzt den Beginn der Meeresforschung an der CAU mit einem Einzelereignis im Jahre 1697 gleich; damals führte der erste Mathematikprofessor der Christiana Albertina, Samuel Reyher (1635–1714), in der Kieler Förde ein Experiment zum Salzgehalt in unterschiedlichen Tiefenschichten durch. Obwohl Kortum angibt, dass dies Reyhers einziger meereskundlich ausgerichteter Versuch blieb, sodass dieser „letztlich ohne Konsequenz für die weitere Entwicklung blieb", stilisiert der Band Reyher dennoch zum ersten Meereskundler der CAU, obwohl hier von systematischer Meeresforschung eindeutig noch keine Rede sein kann. Vgl. Gerhard Kortum, Samuel Reyher (1635–1714) und sein „Experimentum Novum", in: 300 Jahre Meeresforschung an der Universität Kiel. Ein historischer Rückblick, bearb. von Brigitte Lohff, Kiel 1994 (Berichte aus dem Institut für Meereskunde an der Christian-Albrechts-Universität Kiel Bd. 246), S. 3–12, Zitat S. 3. – Auch wenn in der Geschichte der CAU immer wieder einzelne Gelehrte

eine solche, aus der Fachdisziplin selbst heraus betriebene Wissenschafts-geschichte als sogenannte *working history* vor allem der Selbstvergewisserung und innerdisziplinären Sozialisation und diktiert dadurch von vornherein ihre inhaltliche wie analytische Ausrichtung.[40]

In neuester Zeit rückt das Meer aber auch verstärkt in den Blick von His-torikern, die an kultur-, politik-, umwelt- und, wie im vorliegenden Fall, an wissenschaftshistorischen Fragestellungen interessiert sind. So veranstaltete beispielsweise das Deutsche Schiffahrtsmuseum Bremerhaven in Kooperation mit den Universitäten Köln und Bremen im Dezember 2014 einen Workshop mit dem Ziel, das Forschungsfeld der Meeresgeschichte einer ersten Begut-achtung zu unterziehen und ein Netzwerk von in dieser Richtung arbeitenden Wissenschaftlern aufzubauen. Hier stellten unter anderem Philip Bajon (Köln; *Mensch und Meer in der Geschichte der deutschen Ozeanographie seit 1871*), Franziska Torma (Augsburg; *Umweltgeschichte der Ozeane im 19. und 20. Jahrhundert*) und Jens Ruppenthal (Köln; *Meer in die[sic?] Geschich-te. Kultur- und umwelthistorische Zugänge*) ihre vielversprechenden For-schungsprojekte vor.[41] Auch eine für das Jahr 2018 geplante Ausstellung am Deutschen Historischen Museum in Zusammenarbeit mit dem Jean Monnet Lehrstuhl für Europäische Geschichte der Universität Köln zum Thema *Eu-ropa und das Meer* verweist auf die Aktualität dieses Themenkomplexes.[42]

Es ist jedoch bereits angedeutet worden, dass die umfangreiche archiva-lische Überlieferung zu den Vorgängen um die Kieler Planktonfahrt bisher in der Forschungsliteratur wenig Niederschlag fand. Relevante Archivalien zum Thema lagern vor allem im Geheimen Staatsarchiv Preußischer Kulturbesitz (GStA PK) und im Archiv der Berlin-Brandenburgischen Akademie der Wis-senschaften (ABBAW). Das GStA PK verwaltet beispielsweise Bestände des Preußischen Kultusministeriums, von denen die drei Bände zur *Organisation*

---

für eine gewisse Zeit zu Themen gearbeitet haben, die man wohl als meeres-kundlich beschreiben könnte (zu diesen frühen Forschungen vgl. HOFFMANN-WIECK, GEOMAR, S. 701f.), führte dies dennoch nie zu einer längerfristigen Spezialisierung oder der Etablierung eines meereskundlichen Schwerpunkts. Deshalb setzt der Beginn der Meeresforschung als Spezialdisziplin an der CAU m. E. tatsächlich erst Ende des 19. Jahrhunderts mit dem Forschungskollektiv um Hensen ein, wobei hier die Preußische Kommission zur wissenschaftlichen Untersuchung der deutschen Meere zu Kiel (siehe v.a. Kap. II.1 und Kap. II.2.5 dieser Arbeit) als Katalysator wirkte.

40 KRAGH, Introduction, S. 111–119.

41 Vgl. den Bericht zum Workshop von Lisa ESSER auf H-Soz-Kult, abrufbar unter der URL http://www.hsozkult.de/conferencereport/id/tagungsberichte-6035 [letzter Zugriff am 13. Juli 2015], im HSK-Newsletter veröffentlicht am 21. Juni 2015.

42 Vgl. die Webpräsenz des DHM unter der URL https://www.dhm.de/ausstellung en/vorschau/europa-und-das-meer.html [letzter Zugriff am 26. Februar 2017].

und Durchführung der Planktonexpedition bisher noch nicht ausgewertet zu sein scheinen und für diese Arbeit absolut grundlegend sind.[43] Diese enthalten neben der relevanten Korrespondenz auch zahlreiche Zeitungsartikel und Publikationen kleineren Umfangs, wodurch sich verschiedenste Perspektiven auf die Ereignisse um 1889 ergeben. Im ABBAW sind Akten der Alexander-von-Humboldt-Stiftung vorhanden, die eine wertvolle Ergänzung zu den Unterlagen des Kultusministeriums darstellen.[44] Beide Einrichtungen standen in Bezug auf die Verhandlungen um die Expedition sowie auch noch danach, als es um die Publikation der Ergebnisse ging, sowohl miteinander als auch mit Hensen in engem Kontakt. Darüber hinaus finden sich in diesen Archiven auch Briefe und andere Zeugnisse der Beteiligten in verschiedenen Nachlässen, die vor allem für die biographische Betrachtung erhellend waren.[45] Berücksichtigt werden außerdem Bestände aus dem Landesarchiv Schleswig-Holstein (LASH), welches die ehemals von der Universitätsbibliothek verwahrten Unterlagen zur Expedition übernahm.[46] Die wichtigsten gedruckten Quellen zum Thema sind die Publikationen zu den Ergebnissen der Planktonexpedition[47] sowie zu der darauffolgenden Forschungskontroverse mit Ernst Haeckel.[48]

Der Aufbau dieser Studie gliedert sich in drei Hauptabschnitte: Der erste Teil bietet gewissermaßen eine Hinführung zur Planktonexpedition, indem anhand der Biographie Victor Hensens aufgezeigt wird, wie dieser zu seiner wegweisenden neuen Forschungsfrage gelangte und welche allgemeingeschichtlichen wie universitätsgeschichtlichen Faktoren dabei eine Rolle

---

43 GStA PK, I. HA Rep. 76 Kultusministerium, Vc Sekt. 1 XI Teil V C Nr. 12 Bde. 1–3. – Für seine freundliche Hilfe bei der Suche nach relevanten Archivalien im GStA PK bin ich Thomas Breitfeld zu herzlichem Dank verpflichtet.

44 Archiv der Berlin-Brandenburgischen Akademie der Wissenschaften (ABBAW), PAW (1812–1945), II-XI-74, Verhandlungen der physik.-math. Klasse, Humboldt-Stiftung (1877–1889); ABBAW, PAW (1812–1945), II-XI-84, Akten der Preußischen Akademie der Wissenschaften (1812–1945), Humboldt-Stiftung; ABBAW, PAW (1812–1945), II-XI-93, Abrechnung der Hensen'schen Planktonexpedition. – Bei der Recherche im ABBAW erhielt ich wertvolle Hinweise auf relevante Archivalien von Dr. Vera Enke.

45 U.a. ABBAW, NL Troschel, Nr. 96; GStA PK, VI. HA, Nl Althoff, F. T., Nr. 811.

46 Landesarchiv Schleswig-Holstein (LASH), Abt. 47.10, Universitätsbibliothek, Nr. 1–12. – Für den Hinweis auf diesen Bestand danke ich Martin Göllnitz.

47 Victor Hensen (Hrsg.), Ergebnisse der in dem Atlantischen Ozean von Mitte Juli bis Anfang November 1889 ausgeführten Plankton-Expedition der Humboldt-Stiftung 5 Bde., Kiel u. a. 1892–1911; Otto Krümmel (Hrsg.), Reisebeschreibung der Plankton-Expedition nebst Einleitung von Dr. Hensen und Vorberichten von Drr. Dahl, Apstein, Lohmann, Borgert, Schütt und Brandt, Kiel u. a. 1892 (Ergebnisse der Plankton-Expedition der Humboldt-Stiftung Bd. 1).

48 Grundlegend dazu Haeckel, Plankton-Studien; Hensen, Plankton-Expedition.

spielten. In dem sich anschließenden zweiten Abschnitt der Arbeit werden die Finanzierungsverhandlungen in ihren größeren Kontext gesetzt, wobei die – konstruierten und rein heuristisch zu betrachtenden – Sphären Öffentlichkeit, Wirtschaft, Politik und Wissenschaft in den Blick geraten. Im letzten Komplex geht es schließlich um die unmittelbaren und längerfristigen Nachwirkungen der Expedition. Dabei wird auch kurz die aus universitätsgeschichtlicher Perspektive interessante Frage beantwortet werden, wie sich die prestigeträchtige Forschungsfahrt in institutioneller und personeller Hinsicht auf den Standort Kiel auswirkte.

II. Die Planktonexpedition von 1889 im Kontext ihrer Zeit

II.1 Vom „Philosophischen Dreck" zur Urnahrung der Meere: Hensen und das Plankton

Vor einer Vielzahl von Kollegen und naturwissenschaftlich interessierten Laien zelebrierte sich Hensen in seiner Rede zum Stiftungsfest des Naturwissenschaftlichen Vereins für Schleswig-Holstein im Jahr 1905 unumwunden als Entdecker der tiefgreifenden Bedeutung des Planktons:

> „Es hat vor etwa 60 Jahren der ausgezeichnete Forscher Johannes Müller gefunden, dass man mit sehr dichtem Kätscher von der Oberfläche des Meeres eine Menge kleiner Tiere und Pflanzen fangen könne, die ein interessantes Formenstudium gewährten. Er bezeichnete diese Fänge scherzweise als „philosophischen Dreck", weil eben nur Naturphilosophen darin Interessantes schienen finden zu können. Seit dieser Zeit haben sich sehr viele Forscher mit diesem Material beschäftigt, aber es steht, glaube ich, fest, dass dessen grosse, allgemeine Bedeutung erst durch mich erkannt worden ist."[49]

Was Hensen hier mit einer Art nüchternem Stolz konstatiert, ist das Ergebnis eines Lebenswerkes, aus dem ein neuer Zweig der Meeresbiologie erwuchs. Der Weg, der zu diesem Punkt führen sollte, war lang und verzweigt und blieb von den vielfältigen Erschütterungen seiner Zeit nicht unberührt. Dass diese Umbrüche Hensen jedoch nicht aus der Bahn warfen, sondern teilweise sogar den Weg für seine wissenschaftliche Karriere ebneten, die er gleichzeitig selbst mit Determination vorantrieb, schildert der folgende Abschnitt. An dessen Ende wird gleichzeitig klar geworden sein, vor welchem Hintergrund Hensen den Plan für die Planktonexpedition formulierte.

Christian Andreas Victor Hensen wurde am 10. Februar 1835 als Sohn des studierten Juristen, Honorarprofessors und Vorstehers der Schleswiger Taubstummenanstalt Hans Hensen (1786–1846) und dessen zweiter Ehefrau Henriette Amalie, geborene Suadicani, im damals noch unter dänischer Herrschaft stehenden Schleswig geboren.[50] Nach einem Schulwechsel von

---

49   Victor HENSEN, Die Biologie des Meeres. Rede am Stiftungsfest des Naturwissenschaftlichen Vereins in Kiel, in: Schriften des Naturwissenschaftlichen Vereins für Schleswig-Holstein 13 (1905), S. 221–237, hier. S. 226.

50   Diese und die folgenden biographischen Angaben basieren vor allem auf Rüdiger POREP, Der Physiologe und Planktonforscher Victor Hensen (1835–1924). Sein Leben und Werk, Neumünster 1970 (Kieler Beiträge zur Geschichte der Medizin

der Domschule in Schleswig an das Glückstadter Gymnasium im Jahr 1850 legte Hensen dort 1854 das Abitur ab. Zum Sommersemester 1854 nahm er sein Studium der Medizin in Würzburg auf. In dieser Zeit begann Hensen auf Anraten seines Lehrers, des Chemikers Joseph von Scherer (1814–1869), und mit Unterstützung des Anatomen und Physiologen Albert von Koelliker (1817–1905), Untersuchungen über Glykogen durchzuführen. Diese Studien setzte Hensen seit 1856 in Berlin fort, wohin er vermutlich seinem Lehrer Rudolf Virchow (1821–1902) von Würzburg aus nachgefolgt war. Hier gelang es dem jungen Medizinstudenten Hensen – zeitgleich mit dem bereits etablierten Physiologen Claude Bernard (1813–1878) in Frankreich – Glykogen zu isolieren.[51] Damit präsentierte sich Hensen schon in einer frühen Phase seiner Karriere als vielversprechendes wissenschaftliches Talent.

Da Hensen das Examen in seinem Heimatland ablegen musste, begab er sich zum Wintersemester 1857/58 nach Kiel. Dort bestand er im Oktober 1858 das medizinische Examen, um anschließend in seiner Heimatstadt Schleswig eine Stelle als Volontärarzt an der örtlichen Nervenheilanstalt anzutreten.[52] Hier führte er auch die seiner Dissertation zugrundeliegenden Versuche zur Epilepsie durch, bei denen sich bereits sein Hang zu quantitativen Analysen zeigte.[53] Hensens Promotion zum Dr. med. erfolgte im September 1859. Da sich die Habilitation durch Habilitationsschrift und Probevorlesung als eigene Qualifikationsstufe in der universitären Karriere erst um 1880 durchzusetzen begann, folgte auf Hensens Promotion und Disputation auch sofort seine Habilitation zum Privatdozenten.[54] Ohne längere Pause wurde Hensen noch

und Pharmazie Bd. 9). – Vgl. außerdem Hensens Eintrag im Kieler Gelehrtenverzeichnis, abrufbar unter der URL http://www.gelehrtenverzeichnis.de/person/d72286d3-b936-2ff8-4684-4d8725d8f958 [letzter Zugriff am 27. Juli 2015].

51 Die Veröffentlichung hierzu ist Victor HENSEN, Ueber die Zuckerbildung in der Leber, in: Virchows Archiv für Pathologische Anatomie 11 (1857), S. 395–398. – Virchow, der Herausgeber dieser Zeitschrift, hatte Hensen selbst auf die Ergebnisse Bernards hingewiesen und seinen Studenten zu einer schnellen Veröffentlichung angetrieben. Bernard kam Hensen mit einer eigenen Publikation zum Glykogen jedoch einige Wochen zuvor. Vgl. hierzu ausführlich POREP, Physiologe, S. 78–81.

52 Diese war 1820 von Hensens Großvater, Carl Ferdinand Gustav Suadicani, begründet worden.

53 Genaueres zu Hensens Doktorarbeit bei POREP, Physiologe, S. 23f.

54 Ebd., S. 27. – Zur Standardisierung der professoralen Karriere im 19. und frühen 20. Jahrhundert siehe Martin GÖLLNITZ, Forscher, Hochschullehrer, Wissenschaftsorganisatoren: Kieler Professoren zwischen Kaiserreich und Nachkriegszeit, in: Christian-Albrechts-Universität zu Kiel. 350 Jahre Wirken in Stadt, Land und Welt, hrsg. von Oliver AUGE, Kiel 2015, S. 496–525, hier S. 497.

im selben Jahr zum Prosektor ernannt, nachdem sein Vorgänger in diesem Amt auf eine ordentliche Professur nach Marburg berufen worden war.[55]

Dass Hensen auch auf dieser Stufe der Karriereleiter nicht allzu lange verharren musste, sondern seinen Einfluss und seine Möglichkeiten schon bald entscheidend erweitern konnte, verdankte er den politischen Umbrüchen um 1864: Der Däne Peter Ludwig Panum (1820–1885), seit 1858 Extraordinarius für Physiologie an der CAU und Direktor des neu eingerichteten Physiologischen Instituts, erhielt 1863 einen Ruf nach Kopenhagen.[56] Die zuerst langwierigen Berufungsverhandlungen fanden einen jähen Abschluss, als der Deutsch-Dänische Krieg im Januar 1864 ausbrach und Panum unter dessen Eindruck zum März des Jahres den Ruf in seine Heimat annahm.[57] Bis zum Beginn des Sommersemesters im kommenden Monat auf regulärem Wege einen Nachfolger zu finden, war unmöglich. Hensen profitierte also davon, dass kein ordnungsgemäßes Berufungsverfahren durchgeführt wurde, sondern er auf einstimmigen Beschluss des Kuratoriums hin im April 1864 als einziger Kandidat für diese Position vorgeschlagen wurde.[58] Dabei spielten natürlich Hensens bisherige wissenschaftliche Leistungen eine Rolle: Er hatte in seinen Jahren als Prosektor über die Sinnesorgane, insbesondere das Ohr, gearbeitet und hierzu auch publiziert.[59] So wurde Hensen – gerade 30 Jahre alt – kurz nach Ausbruch des

---

55 Wilhelm Behn, seit 1848 Ordinarius für Anatomie und Zoologie an der CAU, setzte die schnelle Neubesetzung der Stelle mit Hensen durch, einerseits, weil dieser sich bereits als talentierter Student hervorgetan hatte, andererseits, weil er dringend eine Hilfskraft brauchte, um die anfallenden Arbeiten bewältigen zu können. Vgl. POREP, Physiologe, S. 24f.

56 Zu Panum vgl. Julius PAGEL, Art. „Panum, Peter Ludwig", in: Biographisches Lexikon hervorragender Ärzte des neunzehnten Jahrhunderts, hrsg. von DEMS., Berlin u.a. 1901, Sp. 1256–1258. – Panem hatte vor Antritt seiner Stelle in Kiel eine Zeitlang als Assistent Claude Bernards gearbeitet – auch dies ist ein Zeichen der umfassenden Vernetzung oder, vorsichtiger ausgedrückt, der allgemeinen ‚Übersichtlichkeit' der Gelehrtenwelt in dieser Zeit, welche in dieser Studie immer wieder offenbar wurde.

57 Zu Entlassungen und Berufungen an der CAU in dieser Umbruchszeit siehe Lena CORDES und Jelena STEIGERWALD, Die politische Rolle der Kieler Professoren zwischen der schleswig-holsteinischen Erhebung und der Reichsgründung, in: Gelehrte Köpfe an der Förde. Kieler Professorinnen und Professoren in Wissenschaft und Gesellschaft seit der Universitätsgründung 1665, hrsg. von Oliver AUGE und Swantje PIOTROWSKI, Kiel 2014 (Sonderveröffentlichungen der Gesellschaft für Kieler Stadtgeschichte Bd. 73), S. 139–180.

58 LOHFF/KÖLMEL, Victor Hensen, S. 46f.

59 In diesem Bereich hat sich Hensen als Namensgeber für zwei anatomische Strukturen im Innenohr, die Hensenschen Zellen und den Ductus reuniens Henseni, verewigt. Vgl. Walter LENZ, Victor Hensen (1835–1924). Founder of Quantitative Plankton Research, in: Ocean Sciences Bridging the Millennia. A Spectrum of Historical

Deutsch-Dänischen Krieges in Anerkennung seiner Fähigkeiten, aber begünstigt durch die politische Lage, zum außerordentlichen Professor für Physiologie und zum Direktor des Physiologischen Instituts der CAU ernannt.[60]

Mit der Eingliederung der Herzogtümer in den preußischen Staat, die am Ende dieser politischen Umbruchphase stand, begann für die Kieler Universität eine Phase rascher Entwicklung. Preußen investierte großzügig in die Hochschule an der Förde, um sie an größere Universitäten anschlussfähig zu machen – und vielleicht auch, um die Kieler mit der Annexion zu versöhnen,[61] – sodass sich die bereits in der Entwicklung begriffene Ausdifferenzierung der Fächer nun in der Schaffung neuer Lehrstühle und Institute niederschlagen konnte: So erhielt die CAU im Bereich der Naturwissenschaften einen Lehrstuhl für Zoologie (1868), als dessen erster Vertreter Karl Möbius (1825–1908) berufen wurde, einen Lehrstuhl für Botanik (1873), für Geographie (1879) und für Theoretische Physik (1894).[62] Diese Kombination aus wissenschaftsinterner und institutioneller Ausdifferenzierung lief mehr oder weniger parallel auch an anderen Universitäten im gesamten Reichsgebiet ab, was zeigt, wie grundlegend die Wandlungsprozesse in der Wissenschaftslandschaft zu dieser Zeit waren.[63] Dabei wurde die innerwissenschaftliche und -universitäre Dynamik erstmals von einer aktiv gestaltenden Wissenschaftspolitik der Kultusministerien begleitet und gelenkt.[64] Preußen nahm in diesem Prozess eine Vorreiterrolle ein

Accounts, hrsg. von Selim MORCOS, Gary WRIGHT, Mingyuan ZHU, Roger CHARLIER, DEMS., Ming LU und Emei ZOU, Beijing 2004, S. 29–34, hier S. 29f.

60   VOLBEHR/WEYL, S. 80.

61   Bernard vom BROCKE, Hochschul- und Wissenschaftspolitik in Preußen und im Kaiserreich 1882–1907. Das »System Althoff«, in: Bildungspolitik in Preußen zur Zeit des Kaiserreichs, hrsg. von Peter Baumgart, Stuttgart 1980 (Preußen in der Geschichte Bd. 1), S. 9–118, hier S. 53.

62   GÖLLNITZ, Forscher, S. 506. – Auch die Geisteswissenschaften profitierten von der Annexion, indem auch in diesem Bereich zahlreiche neue Seminare entstanden (ebd.). – Ausführlich zu dieser Thematik Marita BAUMGARTEN, Professoren und Universitäten im 19. Jahrhundert. Zur Sozialgeschichte deutscher Geistes- und Naturwissenschaftler, Göttingen 1997 (Kritische Studien zur Geschichtswissenschaft Bd. 121).

63   Jonathan HARWOOD, Forschertypen im Wandel 1880–1930, in: Wissenschaften und Wissenschaftspolitik. Bestandsaufnahmen zu Formationen, Brüchen und Kontinuitäten im Deutschland des 20. Jahrhunderts, hrsg. von Rüdiger vom BRUCH und Brigitte KADERAS, Stuttgart 2002, S. 162–168, hier S. 162.

64   Ebd., S. 6f.; Margit SZÖLLÖSI-JANZE, Wissensgesellschaft in Deutschland. Überlegungen zur Neubestimmung der deutschen Zeitgeschichte über Verwissenschaftlichungsprozesse, in: Geschichte und Gesellschaft: Zeitschrift für historische Sozialwissenschaft 30 (2004) H. 2, S. 277–313, hier S. 296; Rüdiger vom BRUCH, Umbrüche und Neuorientierungen im ersten Drittel des 20. Jahrhunderts. Einführung, in: Wissenschaften und Wissenschaftspolitik. Bestandsaufnahmen zu

und diente anderen deutschen Ländern mit seiner systematisch betriebenen, rationalisierenden und bürokratisierenden Wissenschaftspolitik als Vorbild.[65] Besondere Bedeutung kam hierbei „Preußens heimliche[m] Kultusminister", dem Zivilrechtler Friedrich Althoff (1839–1908), zu, der seit 1882 als vortragender Rat und Hochschulreferent und seit 1897 als Ministerialdirektor unter fünf Kultusministern die preußische Hochschulpolitik mitprägte.[66] Dass er auch in den Verhandlungen um die Planktonexpedition mitwirkte, wird in den folgenden Abschnitten noch aufgezeigt werden.

Wie wirkten sich diese Entwicklungen auf Hensen aus? Dass er und seine Kollegen die fachwissenschaftliche Vereinzelung nicht nur positiv sahen, illustriert der folgende Ausruf Hensens von 1887 auf das Lebhafteste:

„Sagen wir es offen, wir haben uns so sehr in Fächer trennen müssen, dass sich für uns selbst die Uebersichtlichkeit des ganzen Wissensgebietes eingeengt hat. Dieser Umstand ist ein wunder Punkt, eine Krankheit, die, ich sage nur längst Anerkanntes und Bekanntes, das ganze System bedroht."[67]

Mit dieser Wahrnehmung stand Hensen keinesfalls allein da, wie auch ein Kommentar des Theologen, Kirchenhistorikers und preußischen Wissenschaftsorganisators Adolf von Harnack (1851–1930) von 1900 belegt: Darin beklagte dieser, dass die verschiedenen Wissenschaftsdisziplinen sich gegeneinander absperren würden und sogar „benachbarte wissenschaftliche Provinzen, die früher nie getrennt gewesen waren, [...] sich als selbstständige Staaten" konstituierten. Harnack erkannte darin ein zweischneidiges Schwert: „Die Cultur verlor dabei, aber die wissenschaftliche Erkenntnis wurde wirklich eine Zeit lang in ungeahnter Weise gefördert."[68] Auch Hensen erhoffte sich schließlich doch positive Auswirkungen von der neuen, durch die Spezialisierung intensivierten Forschungspraxis, wenn die Fachwissenschaftler nur auch über das gründlich separierte Feld ihrer eigenen Disziplin

---

Formationen, Brüchen und Kontinuitäten im Deutschland des 20. Jahrhunderts, hrsg. von DEMS. und Brigitte KADERAS, Stuttgart 2002, S. 25–31, hier S. 25.

65 Bernhard von BROCKE, Von der Wissenschaftsverwaltung zur Wissenschaftspolitik. Friedrich Althoff (19.2.1839–20.10.1908), in: Berichte zur Wissenschaftsgeschichte 11 (1988) H. 1, S. 1–26, hier S. 14.

66 Ebd., passim, Zitat auf S. 12.

67 Victor HENSEN, Die Naturwissenschaft im Universitätsverband. Rede beim Antritt des Rektorats der Königlichen Christian-Albrechts-Universität zu Kiel am 5. März 1887, Kiel 1887, S. 4f. – Hensen spricht in dieser Rede auch von der wachsenden Kluft zwischen den Natur- und den Geisteswissenschaften.

68 Adolf HARNACK, Geschichte der Königlich Preussischen Akademie der Wissenschaften zu Berlin Bd. 2: Vom Tode Friedrichs des Großen bis zur Gegenwart, Berlin 1900, S. 981f.

hinauszuschauen und miteinander zu kooperieren bereit wären.[69] Dass Hensen hierfür noch ein Musterbeispiel werden sollte, wird die weitere Entwicklung seiner wissenschaftlichen Karriere noch veranschaulichen.

In vielerlei Hinsicht bewirkten der inneruniversitäre Ausbau und die reformorientierte preußische Wissenschaftspolitik für die Hochschullehrer tatsächlich vielfältige Chancen. Wenn das Kultusministerium auch ein hartnäckiger Verhandlungspartner gewesen sein muss, so war es doch – im Interesse der landeseigenen Wissenschaft, wozu auch im direkten Zusammenhang mit der Planktonexpedition noch viel zu sagen sein wird –, im Grunde ein Verbündeter. Hensen bemühte sich wiederholt und mit großem Nachdruck darum, das physiologische Laboratorium auszubauen und dessen Ausstattung mit modernen Apparaten zu verbessern. So erhielt das Kultusministerium beispielsweise im April 1870 ein Eingabe Hensens, inzwischen seit zwei Jahren Ordinarius,[70] in welcher der Physiologe die desolate finanzielle Situation seines Instituts beklagte und einen Zuschuss forderte, um die noch ausstehenden Rechnungen vom Vorjahr begleichen zu können.[71] Nachdem das Geld bewilligt worden war, forderte Hensen unumwunden auch einen Zuschuss für das laufende Kalenderjahr.[72] Schon im Jahr 1866 hatte Hensen mit der Universitätsverwaltung über eine dauerhafte Erhöhung der Institutsmittel verhandelt.[73] Am Ende seiner Bemühungen, die u. a. auch zum Umzug des Instituts in einen Neubau unmittelbar an der Förde führten, konnte Hensen zufrieden feststellen,

„dass durch die Munificenz des Staates und die energische Fürsorge des Herrn Cultusministers Dr. Falck ein physiologisches Institut geschaffen worden [sei], welches in sehr reichem Maasse allen Anforderungen, welche bei einer kleineren Universität an dieses Institut gestellt werden können, zu genügen vermag."[74]

---

69   HENSEN, Naturwissenschaft, S. 4f.
70   Der Vorgang zur Umwandlung des Extraordinariats für Physiologie in ein Ordinariat befindet sich in GStA PK, I. HA Rep. 89 Geh. Zivilkabinett, jüngere Periode, Nr. 21646, betreffend die verschiedenen Angelegenheiten und das Personal der Universität Kiel, 1866–1879, Bl. 24, Brief Mühlers an den Preußischen König vom 21. März 1868. – Heinrich von Mühler (1813–1874), Preußischer Kultusminister von 1862 bis 1872, schreibt im betreffenden Brief, dass „die wissenschaftliche Tüchtigkeit des g. HENSEN außer Zweifel ist und derselbe sich auch als Lehrer seit mehreren Jahren wohl bewährt hat." Ebd.
71   GStA PK, I. HA Rep. 76 Kultusministerium, Va Sekt. 9 Tit. X Nr. 4 Bd. 1, Organisation und Verwaltung des Physiologischen Instituts der Universität Kiel Bd. 1 (1867–1918), Bl. 5.
72   Ebd., Bl. 7f.
73   LASH, Abt. 47.1, Nr. 238, Physiologisches Institut.
74   Zitiert nach POREP, Physiologe, S. 44. – Übrigens hat sich Karl Möbius auf ganz ähnliche Weise für sein neu eingerichtetes Zoologisches Institut eingesetzt,

Die vorangestellten Beispiele zeigen Hensen bereits als nachdrücklichen und geschickten Verhandlungspartner. Seine politische Versiertheit lassen aber nicht nur seine erfolgsgekrönten Verhandlungen mit dem Kultusministerium erahnen, sondern auch seine universitäts- und landespolitischen Ämter: Jemand, der sechsmal zum Dekan, dreimal zum Rektor und obendrein zum Abgeordneten in den Preußischen Landtag (1867/68) gewählt wurde, muss zum einen von seinen Peers als fähiger Politiker wahrgenommen worden sein und zum anderen selbst großes Interesse daran gehabt haben, sich vielfältig zu engagieren.[75]

Was sich nach obigen Ausführungen aber ebenfalls bereits andeutet, ist der wachsende Bedarf an staatlichen Finanzmitteln, der mit dem universitären Ausbau einherging. Vor allem die Naturwissenschaften fielen der Staatskasse zur Last: Zwar strapazierten auch die Gründungen von Seminaren in den Geisteswissenschaften, die explodierenden Studierendenzahlen – und der daraus resultierende erhöhte Raum- und Personalbedarf – wie auch der expandierende Anteil von Nicht-Ordinarien an allen Fakultäten, die insbesondere im Zuge der neuen Habilitationsordnung verstärkt Mittel für ihre Forschung benötigten, die Staatskassen ebenfalls,[76] doch machten die Naturwissenschaften und die naturwissenschaftlich arbeitenden Mediziner besonders hohe Ansprüche geltend: Hensen konstatierte, dass ihre Vertreter „einen Apparat" entwickelt hatten und „einen Reichthum von Anforderungen an Staatsmittel zur Geltung brachten, welcher gegen die früheren Gepflogenheiten allerdings stark abstach."[77]

Die naturwissenschaftliche Methode verlangte Labore mit Apparaten und Instrumenten, von denen der wissenschaftliche Erfolg ihrer Vertreter wesentlich abhing. Mangelhaft ausgestattete Institute waren entsprechend

---

für das er ebenfalls einen Neubau, in unmittelbarer Nähe des Physiologischen Instituts, erwirken konnte. Vgl. Lynn K. NYHART, Modern Nature. The Rise of the Biological Perspective in Germany, Chicago, Ill. u. a. 2009, S. 149. – Möbius und das Zoologische Institut der CAU werden im weiteren Verlauf noch von Bedeutung sein.

75 Zu Hensens gesellschaftlichen Funktionen siehe seinen Eintrag im Kieler Gelehrtenverzeichnis, wie Anm. 46.

76 In den Jahren zwischen 1871 und 1919 stiegen die Studierendenzahlen reichsweit von ca. 20.000 auf 68.000 (BROCKE, Wissenschaftsverwaltung, S. 5). An der medizinischen Fakultät der CAU verzwanzigfachte sich die Zahl der Immatrikulierten gar zwischen 1865 und 1905 (von 50 auf über 1.000); zeitweise vereinte die Fakultät damit ca. 60 % aller Studierenden der Christiana Albertina auf sich (POREP, Physiologe, S. I). Vgl. hierzu auch MILLS, Oceanography, S. 180f.

77 HENSEN, Naturwissenschaft, S. 4f.

wissenschaftlich nicht anschlussfähig.[78] Ein kleines, aber eindringliches Beispiel für die Abhängigkeit der Naturwissenschaftler von ihrem Zugang zu modernen Apparaten findet sich bei Hensens späterem Gegenspieler Ernst Haeckel. Dieser untersuchte Radiolarien (ozeanische Einzeller) mithilfe eines Amici Wassermikroskops mit 1.500facher – darin lag die Innovation – Vergrößerung. Die Ergebnisse dieser Arbeit gipfelten in einer Monographie, die Haeckel als Wissenschaftler erst etablierten.[79] JAHN hebt besonders hervor, dass der Zoologe ohne das neumodische Immersionsmikroskop nicht zu seinen gefeierten Ergebnissen hätte gelangen können, die ihm 1863 die größte Auszeichnung der Leopoldina, die große goldene Cothenius-Medaille, einbrachten.[80] Auch Hensen, ohnehin ein großer Freund der modernen Technik,[81] verwandte wie bereits angedeutet viel Energie auf die Verhandlungen mit dem Ministerium, um sein Institut und dessen materielle Ausstattung erweitern zu können.[82]

Wissenschaftler, die auf diese Weise auf Staatsmittel angewiesen waren, um wissenschaftlich konkurrenzfähig zu bleiben, gerieten verstärkt in eine Abhängigkeit vom Staat, gegenüber dem sie ihre Forschung stets legitimieren mussten.[83] Ob dies Rückwirkungen auf ihre universitäre Praxis hatte, ob

---

78 Vgl. Sylvia PALETSCHEK, Was heißt „Weltgeltung deutscher Wissenschaft?" Modernisierungsleistungen und -defizite der Universitäten im Kaiserreich, in: Gebrochene Wissenschaftskulturen. Universität und Politik im 20. Jahrhundert, hrsg. von Michael GRÜTTNER, Rüdiger HACHTMANN, Konrad H. JARAUSCH, Jürgen JOHN und Matthias MIDDELL, Göttingen 2010, S. 29–54, hier S. 30f.; siehe auch BREIDBACH, Geburtswehen, S. 111f.

79 Ernst HAECKEL, Die Radiolarien (Rhizopoda radiaria). Eine Monographie, Berlin 1862.

80 Ilse JAHN, Ernst Haeckel und die Berliner Zoologen, in: Wissenschaftshistorisches Kolloquium. Georg Uschmann zum 70. Geburtstag gewidmet, hrsg. von Georg USCHMANN, Halle a. d. Saale 1985 (Acta Historica Leopoldina Bd. 16), S. 65–109, hier 72f. – Zur Auszeichnung Haeckels durch die Leopoldina siehe Erika KRAUSSE, Ernst Haeckel, Leipzig 1984 (Biographien hervorragender Naturwissenschaftler, Techniker und Mediziner Bd. 70), S. 50.

81 Hensen besaß z.B. bereits seit spätestens 1889 eine eigene Schreibmaschine in einer Zeit, als diese noch auf Weltausstellungen bestaunt wurden. Beim Studium der Archivalien fällt auf, dass Hensen diese aber nur verwendete, um eher inoffizielle Briefe zu schreiben. Seine Korrespondenz mit dem Kultusminister ist zum Großteil handschriftlich verfasst. Hier zeigt sich, dass die Produkte dieses neuen Schreibwerkzeugs noch nicht den Konventionen entsprachen, die einem solchen Briefverkehr zugrunde lagen. – Außerdem begann Hensen, gut 30 Jahre bevor dies obligatorisch wurde, praktische Experimentierkurse im Labor anzubieten. Vgl. hierzu LOHFF/KÖLMEL, Victor Hensen, S. 49.

82 Vgl. zu den Instrumenten, die Hensen hierfür selbst entwickelte, LOHFF/KÖLMEL, Victor Hensen, S. 47–49.

83 Vgl. Hans-Luidger DIENEL, Industrielles Interesse an der staatlich geförderten Forschung. Entwicklung und Konsequenzen eines forschungspolitischen

diese dadurch politisiert wurde, ist eine Frage, die im Folgenden noch zentral werden wird – denn auch die Realisierung der Planktonexpedition war abhängig von Staatsstellen und der Durchschlagskraft der Begründungsmuster, die Hensen und seine Mitstreiter für das Unternehmen entwarfen.

Zunächst stellt sich allerdings noch die wichtige Frage, wie Hensen als Physiologe überhaupt zum Plankton kam. Bis hierhin ist bereits deutlich geworden, dass er zu Beginn seiner Karriere völlig andere Interessen verfolgte. Von Glykogen und Hensens Untersuchungen zu den Sinnesorganen war bereits die Rede; außerdem befasste er sich mit der Embryologie – in dieser Disziplin erinnert der Hensensche Knoten an den Kieler Physiologen – sowie mit der erweiterten Vererbungslehre, dem Alterungsprozess und dem Einfluss von Regenwürmern auf die Bodenqualität.[84]

Tatsächlich berührte Hensens Schaffen die Meeresbiologie zunächst im Zusammenhang mit seinen Studien zu den Augen und Ohren von Wirbellosen, für die er im Mittelmeer Untersuchungsobjekte fing.[85] Damit lag er durchaus im Trend seiner Zeit. Seit der vergleichende Anatom und Physiologe Johannes Müller (1801–1858) den bereits eingangs zitierten „philosophischen Dreck" beim Fischen mit einem umfunktionierten Schmetterlingsnetz entdeckt hatte – für den im Übrigen erst Hensen im Jahr 1887 den Fachbegriff ‚Plankton' einführte –, wandten sich viele Mediziner und Zoologen dem Meer und seinem noch unerforschten Formenreichtum zu.[86] Auch in anderen europäischen

---

Arguments im 20. Jahrhundert, in: Finanzierung von Universität und Wissenschaft in Vergangenheit und Gegenwart, hrsg. von Rainer Christoph SCHWINGES, Basel 2005 (Veröffentlichungen der Gesellschaft für Universitäts- und Wissenschaftsgeschichte Bd. 6), S. 521–548, hier S. 525f.

84 Letztere Forschungen wurden gar 1881 von Darwin zitiert. Vgl. hierzu Otto GRAFF, Die Regenwurmfrage im 18. und 19. Jahrhundert und die Bedeutung Victor Hensens, in: Zeitschrift für Agrargeschichte und Agrarsoziologie 27 (1979), S. 232–243. – Zu Hensen wissenschaftlichen Betätigungsfeldern siehe LENZ, Victor Hensen, S. 29f.; MILLS, Oceanography, S. 12f. – Für ein umfassendes Publikationsverzeichnis des Kieler Physiologen, in dem die entsprechenden Arbeiten zu finden sind, siehe POREP, Physiologe, S. 123–128.

85 Victor HENSEN, Über das Auge einiger Cephalopoden, in: Zeitschrift für wissenschaftliche Zoologie 15 (1865), S. 155–242 und Tafeln XII–XXI; DERS., Über das Gehörorgan von Locusta, in: Zeitschrift für wissenschaftliche Zoologie 16 (1866), S. 190–207 und Tafel X.

86 Die erstmalige Bezeichnung als Plankton findet sich in Victor HENSEN, Über die Bestimmung des Planktons oder des im Meere treibenden Materials an Pflanzen und Thieren, in: Jahresbericht der Commission zur Wissenschaftlichen Untersuchung der Deutschen Meere in Kiel für die Jahre 1882–1886, hrsg. im Auftrag des Königlich-Preussischen Ministeriums für die Landwirtschaftlichen Angelegenheiten, Berlin 1887, S. 1–109. – Aus dem Griechischen abgeleitet hatte den Begriff auf Hensens Nachfrage Richard Foerster (1843–1922), Professor für

Ländern studierte man die ozeanischen Mikroorganismen, damals noch als ‚pelagischer Auftrieb' bezeichnet, so beispielsweise auch Thomas Henry Huxley (1825–1895), Charles Wyville Thompson (1830–1882) und Charles Darwin (1809–1882) in Großbritannien.[87] Zunächst strebten die Forscher danach, eine Systematik für das Plankton zu schaffen. Hensen beschäftigte sich zu diesem Zeitpunkt, wie er selbst sagte, lediglich aus „persönlichem Interesse" mit diesen Organismen, die er in seiner Freizeit studierte.[88] Auch faszinierte das Plankton Hensen – wenn auch nicht in dem Maße wie Haeckel und Karl Möbius (1825–1908)[89] – in ästhetischer Hinsicht:

> „Diese Masse, in vielen Beziehungen interessant, erweckt unter anderem ein gewisses -- ich will nicht sagen künstlerisches -- aber doch artistisches Interesse [...]. Die schwimmenden Steinorganismen vermögen [...] das spröde Material so zu meistern, dass ich wieder und wieder auf Formen gestossen bin, von denen ich sagen musste, dass ich Schöneres und Vollendeteres nie und nirgends gesehen habe."[90]

Hensens innovativer Forschungsansatz sollte sich aber aus absolut pragmatischen Gesichtspunkten speisen: Die Provinz Schleswig-Holstein stand um die Zeit des Anschlusses an Preußen vor allem im Bereich der Landwirtschaft und der Fischerei wirtschaftlich nicht gut da.[91] Hensen muss die Lage der Fischereiindustrie am Herzen gelegen haben, denn als er 1867 in den Preußischen Landtag gewählt wurde, begann er dort für die Einrichtung einer Kommission zu kämpfen, die durch wissenschaftliche Untersuchungen in Nord- und Ostsee letztlich den Weg zu effektiverem Fischfang weisen sollte.[92] Doch erst als sich 1870 in Berlin der Deutsche Fischerei-Verein (DFV) gründete, der Hensens Gesuch gegenüber dem Landwirtschaftsministerium wiederholte, kam es am 13. Juli 1870 zur Einsetzung der Preußischen Kommission zur wissenschaftlichen Untersuchung der deutschen Meere im Interesse der Fischerei in Kiel

---

Klassische Philologie und Beredsamkeit an der CAU, zunächst noch als ‚Halyplankton'. POREP, Physiologe, S. 104.

87   Brigitte LOHFF, Die Entdeckung der Welt des Planktons, in: Historisch-Meereskundliches Jahrbuch 1 (1992), S. 35–44, hier S. 35–39.

88   HENSEN, Bestimmung, S. 48.

89   Vgl. hierzu ausführlich JAHN, Ernst Haeckel, S. 84–92. – Möbius und Haeckel standen jahrelang in regelmäßigem Briefkontakt. Am 3. März 1899 schrieb Möbius an Haeckel, über dessen *Kunstformen der Natur*: „Sie machen durch Ihr neues Unternehmen das Studium der schönen Thierformen sehr leicht und dürfen des Dankes aller Künstler und Kunstfreunde sicher sein." Möbius selbst verfolgte in seiner *Ästhetik der Thierwelt* (1887) einen ähnlichen Ansatz, siehe hierzu ebd., S. 90f.

90   HENSEN, Naturwissenschaften, S. 6f.

91   MILLS, Oceanography, S. 13.

92   HENSEN, Bestimmung, S. 2.

(Kieler Kommission) durch den preußischen Minister für Landwirtschaft, Domänen und Forsten, Werner von Selchow (1806–1884).[93] Gründungsmitglieder dieser unter der Protektion des Kronprinzen Friedrich Wilhelm, des späteren Kaisers Friedrich III. (1831–1888), stehenden Kommission waren unter anderem Hensen und Möbius.

Die Kommissionsmitglieder begannen sofort mit ihrer Arbeit. An der Ostseeküste wurden Beobachtungsstationen eingerichtet, und in den Sommermonaten 1871 und 1872 fanden Expeditionen in Nord- und Ostsee statt, um dort physikalisch-chemische und biologische Untersuchungen durchzuführen.[94] In diesem Zusammenhang begann Hensen eine aussagekräftige Fischereistatistik zu erarbeiten, indem er beispielsweise einen Fragebogen entwarf, in welchem er unter anderem nach der Zahl der eingesetzten Boote, den angesteuerten Fanggründen, den Fangmengen und den erfischten Spezies fragte, und diesen an alle deutschen Ostseeküstenorte verschickte.[95] Gleichzeitig erforschte er das Laichverhalten der Fische sowohl auf den Expeditionen der Kommission als auch im Labor.[96] Und hier nun begann Hensen sich quantitativen Fragestellungen zuzuwenden, die auch Grundlage der Planktonexpedition und deren Bedeutung für die Meeresbiologie werden sollten: Denn nachdem er 1883 das sogenannte Eiernetz nach Hensen entworfen hatte, mit dem es erstmals möglich wurde, Vertikalzüge durchzuführen und somit die abgefischte Wassersäule zu berechnen, bemerkte Hensen, dass die Fischeier auf See

---

93 Victor HENSEN, Ansprache des geschäftsführenden Vorsitzenden der Kommission Prof. V. Hensen, in: Festschrift der Preussischen Kommission zur wissenschaftlichen Untersuchung der deutschen Meere zu Kiel aus Anlass ihres 50jährigen Bestehens, Kiel u. a. 1921, S. 1–6, hier S. 1. – Ausführlich zu Gründung und Entwicklung der Kommission bis zu ihrer Auflösung 1936 siehe Reinhard KÖLMEL, The Prussian „Kommission zur wissenschaftlichen Untersuchung der deutschen Meere in Kiel" and the Origin of Modern Concepts in Marine Biology in Germany, in: Ocean Sciences. Their History and Relation to Man. Proceedings of the 4th International Congress on the History of Oceanography, Hamburg 23.-29.9.1987, hrsg. von Walter LENZ und Margaret DEACON, Hamburg 1990 (Deutsche Hydrographische Zeitschrift, Ergänzungsheft Reihe B Bd. 22), S. 399–407. – Insbesondere zur Rolle des DFV bei der Gründung der Kieler Kommission vgl. Ernst EHRENBAUM, 50 Jahre Kieler Kommission zur Untersuchung der deutschen Meere, in: Der Fischerbote XII (1920) H. 8, S. 454–457. – Zum DFV im Allgemeinen siehe Gerd WEGNER, 125 Jahre Deutsche Fischereiforschung, in: Informationen für die Fischwirtschaft 42 (1995) H. 3, S. 128–133, bes. S. 128–130.

94 Gerhard KORTUM, Victor Hensen in der Geschichte der Meeresforschung, in: Schriften des Naturwissenschaftlichen Vereins für Schleswig-Holstein 71 (2009), S. 3–25, hier S. 10.

95 TORMA, Wissenschaft, S. 37.

96 KORTUM, Victor Hensen, S. 11.

unabhängig davon, wo die Stichproben gewonnen wurden, immer annähernd gleichmäßig verteilt waren – und das, obwohl man wusste, dass die Fische sich zum Laichen in Gruppen zusammenfinden.[97] Er kam zu dem Schluss, dass sich im Wasser treibendes Material ohne die Fähigkeit zur Eigenbewegung durch Wellen und Strömungen zwangsläufig relativ gleichmäßig verteilt.

Während er mit seinem Vertikalnetz fischte, richtete sich Hensens Aufmerksamkeit auch auf den erstaunlich reichen Beifang an Kleinstlebewesen – dem Plankton, das Müller als „philosophischen Dreck" bezeichnet hatte. Entgegen der unter Wissenschaftlern damals allgemein verbreiteten Ansicht, „dass die Meeresbewohner in Scharen verbreitet seien und dass man je nach Glück und Gunst, nach Wind, Strömung und Jahreszeit, bald auf dichte Massen, bald auf unbewohnte Flächen komme" ergaben Hensens Proben aus küstenfernen Abschnitten von Nord- und Ostsee auch für das Plankton eine gleichmäßige Verteilung. Gleichzeitig erkannte er, dass das offene Meer erheblich reicher an ‚pelagischem Auftrieb' war als gemeinhin angenommen.[98]

Warum war das von Interesse? Deswegen, weil Hensen langsam zu verstehen begann, – und darin lag ein gewaltiger Fortschritt, – dass das Plankton eben nicht nur für Naturphilosophen von Interesse ist, die an dessen Systematik arbeiten oder sich an seiner ansprechenden Form erfreuen. Vielmehr löste sich für Hensen dadurch ein Rätsel, das seit der Challenger-Expedition bestand:

> „Diese Fahrt [die Challenger-Expedition], sowie gleichzeitige und spätere [...], haben nämlich ergeben, dass auf dem Boden der Oceane überall ein sehr reiches Thierleben vorhanden ist, welches fast alle Formen der Meeresthiere umfasst [...]. In diese oceanischen Tiefen kann kein Sonnenstrahl mehr dringen, wie schon daraus hervorgeht, dass der Pflanzenwuchs im Meere nicht tiefer als höchstens 250m geht, während die mittlere Tiefe der Oceane etwa 5000 m beträgt. Da die Pflanzen allein die Fähigkeit haben, unter Lichtwirkung aus unorganischen Körpern Nahrungsstoffe zu bilden, fragt sich, woher die Tiefseethiere ihre Nahrungszuvor [sic] erhalten?"[99]

Die Lösung, davon war Hensen berechtigterweise überzeugt, lag im Plankton, von dem er ja wusste, dass es in deutlich größeren Mengen vorkam als bisher angenommen und dass es außerdem der einzige Produzent war, den man auf hoher See kannte. Somit musste es – direkt oder indirekt – den dort lebenden

---

97 Hierzu und zum Folgenden: HENSEN, Entwicklung, S. 4; zum Netz vgl. auch MILLS, Oceanography, S. 17.
98 Hensen, Planktonexpedition, S. 71.
99 GStA PK, I. HA Rep. 76 Kultusministerium, Vc Sekt. 1 XI Teil V C Nr. 12 Bd. 1, Organisation und Durchführung der Planktonexpedition, Immediateingabe, Bl. 59f.

Konsumenten als Nahrung dienen.[100] Hierin lag also die große Bedeutung der pelagischen Mikroorganismen, die Hensen deshalb als „das eigentliche Meeresblut" bezeichnete.[101] Das Ziel der Planktonexpedition war es nun, herauszufinden, wie diese Kleinstlebewesen im Atlantischen Ozean verteilt sind, denn Hensen hatte bisher fast ausschließlich Untersuchungen in den deutschen Meeren durchgeführt. Ein praktischer Gedanke dahinter war folgender: „Wenn die hohe See mehr Plankton auf die Flächeneinheit enthält, als die Küstengewässer, so kann es darauf mehr essbare Thiere ernähren als jene."[102] Theoretisch könnten die Ozeane sich also als ergiebige Fangründe erweisen, in welchem Fall sich eine Ausdehnung der Fischerei auf das offene Meer anböte.[103]

Hier schließt sich also der Kreis zu Hensens Tätigkeit für die Kieler Kommission im Interesse der Fischerei; Hensen war sich sicher, „dass man nur dann richtige Maßnahmen im Interesse der Fischerei werde auffinden vermögen, wenn man in der Lage sei, sich ein Urteil über die Ertragsfähigkeit des Meeres zu bilden."[104] Das Hauptziel der Planktonexpedition, die Frage nach der Verteilung des Planktons im Atlantik, war gefunden, seine Bedeutung als Urnahrungsquelle der Meere erkannt. Nun galt es nur noch, die staatlichen Stellen von diesem Forschungskonzept zu überzeugen. Wie Hensen und seine Mitstreiter dies in Angriff nahmen, schildert das folgende Kapitel.

Doch zuvor sollen die bisherigen Erkenntnisse noch an aktuelle wissenschaftsgeschichtliche Postulate zurückgebunden werden. Die Einsetzung der Kieler Kommission, von Hensen angestoßen und wie oben geschildet auf das Engste mit der Planktonexpedition verknüpft, illustriert in vielerlei Hinsicht das sich wandelnde Verhältnis zwischen Wissenschaft und

---

100 Ebd., Immediateingabe, Bl. 60f. – Produzenten sind, vereinfacht gesagt, Organismen, die Photosynthese betreiben und dadurch aus anorganischem Material (Wasser und Kohlenstoffdioxid) unter Lichteinfall organisches Material (v.a. Kohlenhydrate) bilden. Sie stellen das unterste Glied in der Nahrungskette dar. Konsumenten sind Organsimen, die für ihre Ernährung auf das Vertilgen anderer Organsimen angewiesen sind. Die Zahl der Konsumenten ist deshalb abhängig von der Zahl der Produzenten.
101 ABBAW, PAW (1812–1945), II-XI-74, Verhandlungen der physik.-math. Klasse, Humboldt-Stiftung (1877–1889), Brief Hensens an Du Bois-Reymond vom 31. Januar 1888.
102 HENSEN, Entwicklung, S. 11.
103 Ebd., S. 10f. – Zu diesem Zeitpunkt wurde Fischerei nur in Küstennähe betrieben. Vgl. Ingo HEIDBRINK, „Deutschlands einzige Kolonie ist das Meer!" Die deutsche Hochseefischerei und die Fischereikonflikte des 20. Jahrhunderts, Hamburg 2004 (Schriften des Deutschen Schiffahrtsmuseums Bd. 63), S. 31–33. – Ausführlichere Informationen zur Lage der deutschen Fischerei zur Zeit der Planktonexpedition folgen in Kap. II.2.4.
104 HENSEN, Bestimmung, S. 2.

anderen Gesellschaftsbereichen im von Werner Siemens (1816–1892) Ende der 1880er ausgerufenen „Naturwissenschaftlichen Zeitalter".[105] Zunächst ist die Einsetzung der Kommission exemplarisch dafür, dass die Wissenschaft im ausgehenden 19. Jahrhundert zunehmend in alle Gesellschaftsbereiche diffundierte, wie Margit Szöllösi-Janze konstatiert.[106] Man muss sich vergegenwärtigen, dass die Fischerei – um deren Weiterentwicklung es hierbei ja ging – bis dahin eine handwerklich organisierte Tätigkeit gewesen war.[107] Dass nun postuliert wurde, „dass es zur Erreichung praktischer Resultate erforderlich sei, wissenschaftlich sichere Grundlagen zu gewinnen, zumal für die Fischerei in der Ostsee und Nordsee, da weder die physikalischen Verhältnisse derselben, noch die Lebensbedingungen der in ihnen vorkommenden Fische bekannt seien",[108] beweist die einsetzende Wahrnehmung der (Natur-)Wissenschaft als nutzenorientiertes Instrument, das Fortschritt in allen erdenklichen Bereichen ermöglichen konnte und sich in den nächsten Jahrzehnten in vielen Bereichen zu einer notwendigen Arbeitsgrundlage entwickeln sollte. So begann die Gesellschaft, ob von politischer, ökonomischer oder sonstiger Seite her, verstärkt Nachfragen an die Wissenschaft zu stellen, wie eben auch im Fall der Kieler Kommission. Harnack bringt dies auf eine knappe Formel:

> „Die gesteigerten Anforderungen des modernen Lebens bedeuteten ebenso viele Anfragen an die Leistungsfähigkeit der Naturerkenntniss, und sie hat ihnen in glänzender Weise entsprochen."[109]

Diese Verwissenschaftlichung zuvor von der Wissenschaftslandschaft separierter Gesellschaftsbereiche wirkte sich im Gegenzug auch auf die Wissenschaft aus, die sich zusehends auf diese Vorstellung ihrer Nützlichkeit reduziert sah. In seinen „Lebenserinnerungen" (1892) macht Siemens in dieser Richtung eine bedeutungsschwangere Referenz:

> „Die wissenschaftliche Forschung darf nicht Mittel zum Zweck sein. Gerade der deutsche Gelehrte hat sich von jeher dadurch ausgezeichnet, dass er die Wissenschaft ihrer selbst wegen, zur Befriedigung seines Wissensdranges betreibt, und

---

105 Werner SIEMENS, Das naturwissenschaftliche Zeitalter, Berlin 1886. – Werner Siemens gilt als Begründer der Elektrotechnik; aus seiner 1847 gegründeten Telegraphen Bauanstalt entwickelte sich die heutige Siemens AG.
106 Hierzu und zum Folgenden siehe SZÖLLÖSI-JANZE, Wissensgesellschaft, S. 279 und passim.
107 Vgl. HEIDBRINK, Deutschland, S. 31.
108 Heinrich Adolph MEYER, Karl MÖBIUS und Victor HENSEN, Die Expedition zur physikalisch-chemischen und biologischen Untersuchung der Ostsee im Sommer 1871 auf S.M. Avisodampfer Pommerania. Jahresbericht der Commission zur wissenschaftlichen Untersuchung der deutschen Meere in Kiel für das Jahr 1871, Berlin 1873, S. 1.
109 HARNACK, Geschichte, S. 979.

in diesem Sinne habe auch ich mich stets mehr den Gelehrten wie den Technikern beizählen können, da der zu erwartende Nutzen mich nicht oder doch nur in besonderen Fällen bei der Wahl meiner wissenschaftlichen Arbeiten geleitet hat."[110]

Seine ausdrückliche Zurückweisung des Nützlichkeitspostulats ergibt nur von dem Hintergrund Sinn, dass sich eine derartige Ansicht zu seiner Zeit bereits zu verbreiten begann. Da bereits ausführlich geschildert wurde, wie gerade im Bereich der Naturwissenschaften die neue Forschungspraxis immer größere finanzielle Aufwendungen verlangte, ist es leicht nachvollziehbar, dass für Naturwissenschaftler angesichts dieses Bedarfs eine anwendungsorientierte Ausrichtung ihrer Forschung, die sich gegenüber staatlichen wie privaten oder industriellen Geldgebern ausgezeichnet begründen ließ, zunehmend attraktiver wurde. Folglich setzte, parallel zur Verwissenschaftlichung der Wirtschaft, der Politik und anderer Gesellschaftsbereiche, eine Ökonomisierung, Politisierung oder auch Medialisierung der Wissenschaft ein.[111]

Wissenschaft und Politik wie auch Wissenschaft und andere Gesellschaftsbereiche bildeten, das unterstreicht das bisher gesagte eindrücklich, somit „Ressourcen füreinander", worunter Mitchell G. Ash ein wechselseitiges Austauschverhältnis versteht, das über einen gegenseitigen finanziellen Nutzen hinausgeht.[112] Wenn in den nachfolgenden Kapiteln die Planktonexpedition im Spannungsverhältnis von Wissenschaft, Wirtschaft, Politik und Öffentlichkeit betrachtet wird, so wird auch danach zu fragen sein, wie in diesem Sinne Ressourcen zwischen den verschiedenen Akteuren gehandelt wurden.

---

110 Werner SIEMENS, Lebenserinnerung, 17., unveränd. Aufl., München 1966, S. 269.

111 SZÖLLÖSI-JANZE, Wissensgesellschaft, S. 297. – SZÖLLÖSI-JANZE konstatiert, m. E. in durchaus überzeugender Weise, dass diese Verwissenschaftlichungsprozesse letztlich zur Genese unserer heutigen Wissensgesellschaft führten und als entscheidender Motor für gesellschaftlichen Wandel zu einem neuen Verständnis von Zeitgeschichte führen sollten, was gleichzeitig einen neuen Blick auf die klassischen Zäsuren des 20. Jahrhunderts ermöglicht (ebd., S. 285f.). ASH stimmt zwar in vielerlei Hinsicht mit diesem Ansatz überein, wirft SZÖLLÖSI-JANZE aber vor, den großen Brüchen des 20. Jahrhunderts Kontinuität aufzuoktroyieren und sie dadurch zu nivellieren. Vgl. Mitchell G. ASH, Wissenschaftswandlungen und politische Umbrüche im 20. Jahrhundert – was hatten sie miteinander zu tun?, in: Kontinuitäten und Diskontinuitäten in der Wissenschaftsgeschichte des 20. Jahrhunderts, hrsg. von Rüdiger vom BRUCH, Uta GERHARDT und Aleksandra PAWLICZEK, Stuttgart 2006 (Wissenschaft, Politik und Gesellschaft Bd. 1), S. 19–37, hier S. 34.

112 Mitchell G. ASH, Wissenschaft und Politik als Ressourcen für einander, in: Wissenschaften und Wissenschaftspolitik. Bestandsaufnahmen zu Formationen, Brüchen und Kontinuitäten im Deutschland des 20. Jahrhunderts, hrsg. von Rüdiger vom BRUCH und Brigitte KADERAS, Stuttgart 2002, S. 32–51.

Als letzte Anmerkung sei hier noch auf den bemerkenswerten Umstand hingewiesen, dass die Idee für die Kieler Kommission von Hensen selbst stammte. Szöllösi-Janze erwähnt in ihren Überlegungen, dass Wissenschaftler nicht nur als Adressat für gesellschaftliche Probleme herhielten, sondern entscheidend an der Definition dieser Probleme beteiligt waren. In solchen Fällen generierten sie die Nachfrage nach ihrem Expertenwissen bzw. dessen potenziellen Resultaten selbst.[113] Als Hensen also die Rückständigkeit der deutschen Fischerei anprangerte und postulierte, dass diese nur durch ihre wissenschaftliche Fundierung behoben werden könne, erbot er sich auch selbst zur Lösung des von ihm definierten Problems.[114] Inwiefern sich bei der Durchsetzung der Planktonexpedition hierzu Parallelen aufzeigen lassen, wird im Folgenden thematisiert werden.

II.2 Am Verhandlungstisch: Die Genese einer erfolgreichen Legitimationsstrategie und deren Implikationen

II.2.1 Verlaufsskizze der Verhandlungen

Hier soll nun die spezifische Argumentationsstrategie der beteiligten Akteure herausgearbeitet werden, um anschließend in Beziehung zu den jeweils relevanten Kontextfaktoren gesetzt zu werden. Dabei wird der Verhandlungsverlauf auf einer Tiefenebene geschildert, die bisher in der Forschungsliteratur noch nicht umfassend geliefert wurde. Einen Gewinn verspricht diese akribische Rekonstruktion der Vorgänge insofern, als dass erst hierdurch wirklich nachvollziehbar wird, welche Akteure in welchem Maße beteiligt waren, welche Wandlung die Projektskizze innerhalb dieser Zeit durchlief – was wiederum

---

113 Margit Szöllösi-Janze, Der Wissenschaftler als Experte. Kooperationsverhältnisse von Staat, Militär, Wirtschaft und Wissenschaft 1914–1933, in: Geschichte der Kaiser-Wilhelm-Gesellschaft im Nationalsozialismus. Bestandsaufnahme und Perspektiven der Forschung Bd. 1, hrsg. von Doris Kaufmann, Göttingen 2000, S. 46–64, hier S. 48f.

114 Bezeichnend ist in diesem Zusammenhang auch, dass der Landwirtschaftsminister, der die Kieler Kommission nach einem Gesuch des DFV einsetzte, sich selbst als Vordenker des Unternehmens darstellen lässt. Dies geht aus einem gemeinsamen Schreiben des Kultus- und Landwirtschaftsministers vom 20. Juli 1871 an den Vorstand des Vereins der Freunde der Naturwissenschaften Meklenburg hervor, in dem es heißt: „Der mitunterzeichnende Minister für die landwirtschaftlichen Angelegenheiten hat daher bereits im vorigen Jahre veranlasst, daß sich in Kiel eine besondere Commission für die Untersuchung der deutschen Meere gebildet hat, von welcher gegenwärtig feste Untersuchungsstationen in der Ostsee errichtet werden." GStA PK, I. HA Rep. 90 A, Nr. 1789, Förderung der Meereskunde (1871–1939).

auf die sich einbringenden Akteure und deren Erwartungen an die Expedition zurückzuführen ist – und wodurch sich die Verhandlungen verzögerten. Dabei wird hier – soweit mir bekannt – zum ersten Mal auf die umfangreiche Überlieferung aus den Beständen des Preußischen Kultusministeriums zurückgegriffen, die in drei ansehnlichen Bänden vorliegt. Durch die Archivalien der Preußischen Akademie der Wissenschaften kommt eine weitere Perspektive hinzu, welche die Akten des Kultusministeriums auf sinnvolle Weise ergänzt und nicht selten die Lücken füllt, die zwangsläufig entstehen, wenn nur eine Seite der Korrespondenz bewahrt wird. Wie die Bewilligung der Mittel aus der Humboldt-Stiftung für Naturforschung und Reisen en détail verlief, wird in einem gesonderten Kapitel analysiert.[115]

Den Beginn der Verhandlungen markiert eine Eingabe Hensens an den amtierenden preußischen Kultusminister Gustav von Goßler (1838–1902)[116] vom 11. Januar 1888.[117] In dieser schildert Hensen das Hauptziel der Expedition, nämlich „die Vertheilung und das Verhalten der kleinsten treibenden Wesen des Meeres zu untersuchen", nennt aber als weiteres Ziel den Fang von Tiefseetieren, welche bereits von der Challenger-Expedition und anderen nicht-deutschen Forschungsfahrten beschrieben worden waren, um

---

115 Siehe Kap. II.2.3.
116 Von Goßler war seit 1881 Kultusminister. Mit seiner geschickten Berufungspolitik und großen Bereitschaft zum Ausbau der Institute machte er sich sehr um die Universitäten verdient. Vgl. Stephan SKALWEIT, Art. „Goßler, Gustav Konrad Heinrich von", in: Neue Deutsche Biographie Bd. 6, Berlin 1964, S. 650f. – Dass er in Bezug auf die Planktonexpedition eng mit Althoff zusammenarbeitete, den er selbst zum Universitätsreferenten ernannt hatte, steht zu vermuten. Jedoch ist Althoffs Beteiligung aus den vorliegenden Quellen nur in groben Ansätzen rekonstruierbar, da die offiziellen Schriftstücke stets vom Minister unterzeichnet sind – was natürlich nicht zwangsläufig heißt, dass sie auch vom Minister verfasst worden sind. Die wenigen Schriftstücke, die eine direkte Verbindung zu Althoff aufweisen, werden im Folgenden Erwähnung finden. Von Goßlers persönliche Anwesenheit bei der Abfahrt der *National*, die er vorher zudem besichtigt hatte, ist jedoch ein Hinweis darauf, dass es tatsächlich der Kultusminister selbst war, der sich um Hensens Unternehmen bemühte. Vgl. KRÜMMEL, Fahrt, S. 49. Zudem lobte auch der Vertreter der Akademie der Wissenschaften, Emil Du Bois-Reymond (1818–1896), die „thatkräftige Vermittlung Seiner Excellenz des Hrn. Ministers von Gossler" gegenüber dem Kaiser. ABBAW, PAW (1812–1945), II-XI-84, Akten der Preußischen Akademie der Wissenschaften (1812–1945), Humboldt-Stiftung, Bericht über die Wirksamkeit der Humboldt-Stiftung für Naturforschung und Reisen von du Bois-Reymond vom 30. Januar 1890.
117 GStA PK, I. HA Rep. 76 Kultusministerium, Vc Sekt. 1 XI Teil V C Nr. 12 Bd. 1, Organisation und Durchführung der Planktonexpedition, Beglaubigte Abschrift der Eingabe Hensens, Brandts und Schütts wegen einer Untersuchungsfahrt im Atlantischen Ozean an Goßler, Kiel den 11. Januar 1888, Bl. 8.

„für die deutschen Museen eine Reihe von Sammlungen solcher Fänge zu gewinnen."[118] Letzteres Ziel wurde, das kann hier vorweggenommen werden, später auf Anraten der Akademie fallen gelassen, „damit alle Kräfte des Unternehmens, unbeirrt durch Nebenaufgaben, auf die oben bezeichnete Aufgabe konzentriert werden können [...]."[119]

Hensen gab die zu erwartenden Kosten in diesem ersten Schreiben auf 45.000 bis 50.000 Mark an und legte als Anlage einen Voranschlag bei, in welchem er die verschiedenen Posten auflistete.[120] Dieser wird im Folgenden noch mit einem späteren Voranschlag abgeglichen werden, um weitere Aussagen darüber treffen zu können, wie sich das Projekt im Laufe der Zeit wandelte.

Von Goßler reagierte auf die Eingabe, indem er die Preußische Akademie der Wissenschaften dazu aufforderte, Hensens Projekt zu begutachten und sich über eine eventuelle finanzielle Beteiligung der Akademie zu äußern.[121] Aus den Akten der Akademie geht hervor, dass es Althoff war, der den Antragsteller aus Kiel über diesen Schritt informierte. Dabei habe er auch versichert, dass man im Kultusministerium dem Vorhaben gegenüber durchaus positiv eingestellt sei.[122]

Aufseiten der Akademie übernahm der Sekretar der physikalisch-mathematischen Klasse und Vorsitzende des Kuratoriums der Humboldt-Stiftung für Naturforschung und Reisen, Emil Du Bois-Reymond (1818–1896), die Abwicklung der Angelegenheit. Du Bois-Reymond war zugleich ordentlicher Professor für Physiologie an der Berliner Universität. Da er beim ‚Entdecker des Planktons', Johannes Müller, studiert und mit diesem Forschungsfahrten ans Mittelmeer unternommen hatte, war er mit der Materie durchaus bis zu einem gewissen Maße vertraut, auch wenn er sich in seinen eigenen Forschungen uneingeschränkt auf die Elektrophysiologie

---

118 Ebd.

119 GStA PK, I. HA Rep. 76 Kultusministerium, Vc Sekt. 1 XI Teil V C Nr. 12 Bd. 1, Organisation und Durchführung der Planktonexpedition, Gutachten zur Planktonexpedition von Du Bois-Reymond und Auwers vom 22. Mai 1888, Bl. 6f.

120 GStA PK, I. HA Rep. 76 Kultusministerium, Vc Sekt. 1 XI Teil V C Nr. 12 Bd. 1, Organisation und Durchführung der Planktonexpedition, Anlage zur Eingabe vom 11. Januar 1888, Bl. 10.

121 GStA PK, I. HA Rep. 76 Kultusministerium, Vc Sekt. 1 XI Teil V C Nr. 12 Bd. 1, Organisation und Durchführung der Planktonexpedition, Briefentwurf von Goßler an die Königliche Akademie der Wissenschaften vom 24. Januar 1888, Bl. 1.

122 ABBAW, PAW (1812–1945), II-XI-74, Verhandlungen der physik.-math. Klasse, Humboldt-Stiftung (1877–1889), Brief Hensens an Du Bois-Reymond vom 31. Januar 1888.

konzentrierte, als deren Begründer er gilt.[123] Hensen wandte sich nun, nachdem Althoff ihn über die potenzielle Beteiligung der Akademie informiert und ihre Funktion als wissenschaftlicher Gutachter erwähnt hatte, in einem persönlichen Schreiben an Du Bois-Reymond.[124] Darin bat er diesen um ein positives Gutachten, wobei er sich auf die große wissenschaftliche Bedeutung seines Zieles berief. Nur drei Tage später, am 3. Februar 1888, erhielt Hensen einen positiven Bescheid von Du Bois-Reymond. Der Sekretar machte Hensen Hoffnung, dass die seit 1886 angesparten Mittel der Humboldt-Stiftung, insgesamt 24.600 Mark, für die Planktonexpedition verwendet werden könnten.[125] Das vom Kultusministerium angeforderte und von Du Bois-Reymond und dem Berliner Astronomen Arthur von Auwers (1838–1915), seit 1866 Mitglied der Akademie, ausgefertigte Gutachten, das dies argumentativ untermauerte, erhielt das Ministerium erst sieben Wochen später, am 22. März 1888.[126] Die Grundaussage lautete: „Die Akademie kann nur dringend wünschen, daß das Vorhaben zur Ausführung komme."[127]

---

123 BREIDBACH, Geburtswehen, S. 113; Andreas W. DAUM, Wissenschaftspopularisierung im 19. Jahrhundert. Bürgerliche Kultur, naturwissenschaftliche Bildung und die deutsche Öffentlichkeit 1848–1914, München 2002, S. 440.

124 ABBAW, PAW (1812–1945), II-XI-74, Verhandlungen der physik.-math. Klasse, Humboldt-Stiftung (1877–1889), Brief Hensens an Du Bois-Reymond vom 31. Januar 1888.

125 Dieses Schreiben kann aus Hensens Antwortbrief rekonstruiert werden. ABBAW, PAW (1812–1945), II-XI-74, Verhandlungen der physik.-math. Klasse, Humboldt-Stiftung (1877–1889), Brief Hensens an Du Bois-Reymond vom 16. Februar 1888. – Es wird noch diskutiert werden, dass der Sekretar diese Zusage scheinbar im Alleingang tätigte, denn offiziell erfolgte die Bewilligung dieser Summe durch die Akademie erst am 17. Mai 1888 (GStA PK, I. HA Rep. 76 Kultusministerium, Vc Sekt. 1 XI Teil V C Nr. 12 Bd. 1, Organisation und Durchführung der Planktonexpedition, Brief Du Bois-Reymonds an Althoff vom 17. Mai 1888, Bl. 5).

126 Ebd., Gutachten zur Planktonexpedition von Du Bois-Reymond und Auwers vom 22. Mai 1888, Bl. 6f. – Zu Auwers vgl. Ernst ZINNER, Art. „Auwers, Arthur Julius Georg Friedrich", in: Neue Deutsche Biographie Bd. 1, Berlin 1953, S. 462f. – Dem Astronomen schien durchaus etwas daran gelegen gewesen zu sein, dass die Expedition zur Ausführung komme, denn er verzichtete zugunsten der Kieler Forscher auf einen eigenen Antrag bei der Humboldt-Stiftung für eine astronomische Forschungsreise. Vgl. Ilse JAHN, Die Humboldt-Stipendien für Planktonforschung und die Haeckel-Hensen-Kontroverse (1881–1893), in: Berichte zur Geschichte der Hydro- und Meeresbiologie und weitere Beiträge zur 8. Jahrestagung der DGGTB in Rostock 1999, hrsg. von Ekkehard HÖXTERMANN, Joachim KAASCH, Michael KAASCH und Ragnar KINZELBACH, Berlin 2000 (Verhandlungen zur Geschichte und Theorie der Biologie Bd. 5), S. 47–60, hier S. 56.

127 GStA PK, I. HA Rep. 76 Kultusministerium, Vc Sekt. 1 XI Teil V C Nr. 12 Bd. 1, Organisation und Durchführung der Planktonexpedition, Gutachten zur

In der ausführlichen Begründung finden sich bereits all die Argumente für die Expedition, mit denen diese im Folgenden gegenüber Finanzminister Adolf von Scholz (1833–1924), Reichskanzler Otto von Bismarck (1815–1898) und schließlich dem Deutschen Kaiser legitimiert wurde: die wissenschaftliche Tragweite ihrer Ziele, Hensens besondere Eignung als Expeditionsleiter, der potentielle praktische Nutzen für die Fischerei sowie die nationale Bedeutung des Vorhabens. Auf all dies wird noch detaillierter einzugehen sein. Neben diesem Gutachten vonseiten der Akademie befinden sich in den Akten des Kultusministeriums noch zwei weitere, die leider undatiert sind: Das eine stammt von Hensens ehemaligem Kollegen aus der Kieler Kommission, Karl Möbius, inzwischen Ordinarius der Berliner Universität und seit dem 30. April 1888 ordentliches Mitglied der Berliner Akademie der Wissenschaften.[128] Möbius schildert vor allem die ökonomischen Anwendungsmöglichkeiten des aus der Expedition gewonnenen Wissens.[129] Das zweite Gutachten stammt von dem Berliner Zoologen und Vergleichendem Anatomen Franz Eilhard Schulze (1840–1921), der seit 1884 Akademiemitglied war.[130] Auch Schulze muss mit Hensen wie auch mit Möbius bekannt gewesen sein, da er an der ersten Expedition der Kieler Kommission auf der *Pommerania* teilgenommen hatte.[131] Schulze liefert in seinem Gutachten einen Begründungskatalog mit fünf Punkten, die seines Erachtens für die Bewilligung von Geldern für die Expedition sprachen: Hensens Plan sei „durchaus originell und neu", theoretisch wie praktisch durch Vorarbeiten und Probefahrten gründlich vorbereitet, von einem der „bedeutendsten Physiologen" des Landes geplant, von praktischer Bedeutung für die Fischerei sowie eine günstige Möglichkeit, um „zur Hebung des Ansehens der Deutschen Wissenschaft und [der] maritimen Kräfte [beizutragen]."[132]

Die fast gänzliche Übereinstimmung mit Du Bois-Reymonds und Auwers Argumenten ist auffällig. Da Schulze außerdem erwähnt, dass die Akademie darüber nachdenke, die Expedition mit 25.000 [sic] Mark zu fördern, was zu dem Zeitpunkt noch nicht offiziell war, liegt es nahe, von einer Abstimmung

---

Planktonexpedition von Du Bois-Reymond und Auwers vom 22. Mai 1888, Bl. 6.

128 Zu Möbius Beziehungen zur Akademie siehe JAHN, Humboldt-Stipendien, S. 57.
129 GStA PK, I. HA Rep. 76 Kultusministerium, Vc Sekt. 1 XI Teil V C Nr. 12 Bd. 1, Organisation und Durchführung der Planktonexpedition, Gutachten von Möbius, Bl. 15–19.
130 Zu Schulzes Beziehungen zur Akademie siehe JAHN, Humboldt-Stipendien, S. 56.
131 Walter HÖFLECHNER, Art. „Schulze, Franz Eilhard", in: Neue Deutsche Biographie Bd. 23, Berlin 2007, S. 723f.
132 GStA PK, I. HA Rep. 76 Kultusministerium, Vc Sekt. 1 XI Teil V C Nr. 12 Bd. 1, Organisation und Durchführung der Planktonexpedition, Gutachten von Schulze, zwei Fassungen nahezu identischen Inhalts, Bl. 11f. und 13f.

der Berliner Wissenschaftler in dieser Sache auszugehen. Auch ist nicht aus-
zuschließen, dass beispielsweise Hensen selbst hierin involviert war. In seiner
ersten Eingabe an von Goßler vom 11. Januar, die ja an Du Bois-Reymond
weitergeleitet worden war, hatte Hensen aber lediglich darauf hingewiesen,
dass die Planktonexpedition „in den betheiligten Kreisen überall als ein dem
wissenschaftlichen Ansehen Deutschlands höchst entsprechendes und als
ein sehr wünschenswerthes Unternehmen" betrachtet werden würde.[133] Die
Betonung liegt hier auf „entsprechendes". Hensen impliziert hier, dass das
Kaiserreich bereits international für seine Wissenschaft angesehen werde und
die Planktonexpedition diese Ansicht bestätigen würde. Dies ist ein kleiner,
m. E. aber bemerkenswerter Unterschied in der Argumentation.

Der nächste Schritt auf dem Weg zur Bewilligung war die Immediateingabe
des Kieler Forscherteams, unterzeichnet von Hensen sowie dem Zoologen
Brandt[134] und dem Botaniker Schütt,[135] vom 16. April 1888, die an Friedrich
III. gerichtet war, aber zunächst Bismarck, von Goßler und von Scholz zu-
gestellt wurde.[136] Hierin bitten die Unterzeichnenden um die Bewilligung von
70.000 Mark für die Planktonexpedition sowie darum, der Kaiser möge die
Marine veranlassen, die Expedition mit Material und Rat zu unterstützen.[137]
Nachdem in dieser Eingabe zuerst das Ziel der Expedition dargelegt wur-
de, lieferte Hensen nun anschließend auch die Argumente, die schon Du

---

133 GStA PK, I. HA Rep. 76 Kultusministerium, Vc Sekt. 1 XI Teil V C Nr. 12 Bd. 1,
     Organisation und Durchführung der Planktonexpedition, Beglaubigte Abschrift
     der Eingabe Hensens, Brandts und Schütts wegen einer Untersuchungsfahrt im
     Atlantischen Ozean an Goßler, Kiel den 11. Januar 1888, Bl. 8.
134 Zu Brandt siehe Johannes KREY, Art. „Brandt, Andreas Heinrich Carl", in:
     Neue Deutsche Biographie Bd. 2, Berlin 1955, S. 532–533 sowie den Nachruf
     seines Schülers und Nachfolgers Johannes REIBISCH, Karl Brandt, gestorben am
     7. Januar 1931, in: ICES Journal of Marine Science 6 (2013) H. 2, S. 157–159.
135 Bisher existieren keine größeren biographischen Arbeiten zu Franz Schütt und
     auch im Rahmen dieser Studie kann dies – angesichts der Fragestellung – nicht
     nachgeholt werden. Dennoch sei hier auf den Nachlass Schütts verwiesen, der
     sicherlich ein geeigneter Ausgangspunkt für eine biographische Untersuchung
     des Botanikers wäre und der in der Badischen Landesbibliothek in Karlsruhe
     verwahrt wird. Briefe Schütts befinden sich in den Beständen der Schleswig-Hol-
     steinischen Landesbibliothek in Kiel (Signatur: Nachlaß R. v. Fischer-Benzon)
     und denen der Niedersächsischen Staats- und Universitätsbibliothek in Göttingen
     (Signatur: E. Ehlers 1753).
136 GStA PK, I. HA Rep. 76 Kultusministerium, Vc Sekt. 1 XI Teil V C Nr. 12 Bd. 1,
     Organisation und Durchführung der Planktonexpedition, Immediateingabe,
     Bl. 59f.
137 Zur Beteiligung der Marine an Hensens Projekt siehe Kap. II.2.5.

Bois-Reymond, Möbius und Schulze formulierten.[138] Neu ist in diesem Schreiben der Hinweis auf den Standort Kiel und die meereswissenschaftliche Vorreiterrolle der dort ansässigen Forscher:

„Daß wir Unterzeichneten glaubten wagen zu dürfen, Ew. Majestät mit diesem Antrag zu nahen, beruht darauf, daß uns als Lehrern an der Kieler Universität der Gegenstand besonders nahe liegt, und daß unter unserer Mitwirkung alle resp. einzelne der genannten von Kiel aus angetretenen Fahrten [der Kieler Kommission] gemacht worden sind, so daß wir bereits in dieser Richtung eine kleine aber in deutschen wissenschaftlichen Kreisen doch selten zu findende Erfahrung unser eigen nennen dürfen."[139]

Kiel als Sitz der Preußischen Kommission – vielleicht ist hier auch die Marine-Akademie als Faktor mitgedacht – und Universität mit direktem Zugang zum Meer, so macht die Eingabe hier klar, habe gegenüber anderen Kandidaten deutliche Standortvorteile.

Nachdem Bismarck in einem Brief an den Kultusminister deutlich gemacht hatte, dass er keine Reichsmittel für die Expedition aufbringen würde, sondern eine Finanzierung aus Preußischen Fonds für sinnvoll halte,[140] wurden die Verhandlungen zunächst dadurch unterbrochen, dass Kaiser Friedrich III., der bekanntlich nur drei Monate regierte, am 15. Juni 1888 starb und Wilhelm II. neuer deutscher Kaiser und König von Preußen wurde. Man kann nun fragen, welche Bedeutung es für die Planktonexpedition hatte, dass über ihre Finanzierung im „Drei-Kaiser-Jahr" verhandelt wurde. Definitiv führte dieser politische Umbruch zu einer Verzögerung der Mittelbewilligung. Doch ist es müßig, darüber zu mutmaßen, ob Kaiser Wilhelm I. (1797–1888) oder sein Nachfolger Friedrich III. den Zuschuss ebenfalls gewährt hätten.[141]

Erst Ende November befasste sich das Kultusministerium wieder mit der Expedition. Nun ging es Schlag auf Schlag: Von Goßler richtete zunächst ein Schreiben an den Finanzminister, das den Stand der Verhandlungen schilderte und vor allem drei zentrale Argumente für die Expedition vorbrachte:

---

138 Feinere Unterschiede in den Nuancen dieser Legitimationsformeln werden noch behandelt werden.

139 GStA PK, I. HA Rep. 76 Kultusministerium, Vc Sekt. 1 XI Teil V C Nr. 12 Bd. 1, Organisation und Durchführung der Planktonexpedition, Bl. 60.

140 GStA PK, I. HA Rep. 76 Kultusministerium, Vc Sekt. 1 XI Teil V C Nr. 12 Bd. 1, Organisation und Durchführung der Planktonexpedition, Brief aus der Reichskanzlei an Goßler vom 4. Mai 1888, Bl. 4.

141 Allerdings soll hier nicht unerwähnt bleiben, dass Friedrich sich schon in den 1870ern in seiner Eigenschaft als Kronprinz um die Meereskunde verdient gemacht hatte, indem er die Einrichtung der von dem deutschen Zoologen Anton Dohrn (1840–1909) ins Leben gerufenen Zoologischen Station in Neapel unterstützte. Eine Korrespondenz hierzu findet sich in: ABBAW, NL Troschel, Nr. 96. – Auf Dohrn und seine Station wird noch zurückzukommen sein.

Dass dem Unternehmen nämlich „sowohl in wissenschaftlicher wie in wirtschaftlicher und namentlich auch in nationaler Beziehung eine ungewöhnliche Bedeutung beizumessen" sei, sodass er um die Bewilligung von 70.000 Mark aus dem Allerhöchsten Dispositionsfonds des Kaisers zu ersuchen gedenke.[142] Von Scholz erklärte sich nur wenig später dazu bereit, dieses Gesuch mitzutragen,[143] woraufhin von Goßler in beider Namen ein Schreiben an Bismarck aufsetzte, dass praktisch mit demjenigen identisch ist, das er zuvor an von Scholz gerichtet hatte.[144] Nachdem sich auch Bismarck einverstanden erklärt hatte, sich dem Kaiser mit diesem Anliegen zu nähern, gipfelten von Goßlers Bemühungen schließlich in einem Schreiben an Wilhelm II., unterzeichnet von Bismarck, Scholz und ihm selbst, in dem erneut die bereits bekannten Legitimationsfiguren angeführt werden.[145] Hinzu kommt die Aussage, dass es „an den etatmäßigen Mitteln" fehle, die zur Umsetzung der Expedition nötig wären, „da die etwa in Betracht kommenden Fonds durch andere dringende Bedürfnisse in Anspruch genommen sind." Wolle man also dennoch dafür Sorge tragen, dass „das überaus wichtige und in weiten Kreisen mit größter Spannung erwartete Unternehmen nicht an mangelnder Unterstützung" scheitere, so bliebe nur die Möglichkeit, Hensens Projekt aus dem Allerhöchsten Dispositionsfonds des Kaisers zu finanzieren.[146]

Dem Schreiben beigelegt waren Hensens Immediateingabe sowie der Kostenvoranschlag. Dieser hatte sich jedoch seit der ersten Version radikal verändert: Statt der ursprünglichen 45.000 bis 50.000 Mark rechnete Hensen nun mit Kosten von 95.000 Mark. Einige wesentliche Posten hatten sich geändert: Zum einen hatte Hensen scheinbar bei der Berechnung der Kohlepreise nicht berücksichtigt, dass diese auch in fremden Ländern an Bord genommen werden müsse, wo sie sehr viel teurer war. Deshalb vervierfachten sich die Kosten allein für die Feuerung des Schiffes (von 5.424 auf 20.000 Mark). Ein ähnlich hoher zusätzlicher Kostenfaktor ergab sich dadurch, dass Hensen in diesem zweiten Voranschlag bereits die Hilfskraftkosten einkalkulierte, die

---

142 GStA PK, I. HA Rep. 76 Kultusministerium, Vc Sekt. 1 XI Teil V C Nr. 12 Bd. 1, Organisation und Durchführung der Planktonexpedition, Briefentwurf Goßlers an Scholz vom 24. November 1888, Bl. 33–39.

143 GStA PK, I. HA Rep. 76 Kultusministerium, Vc Sekt. 1 XI Teil V C Nr. 12 Bd. 1, Organisation und Durchführung der Planktonexpedition, Brief Scholz' an Goßler vom 10. Dezember 1888, Bl. 44.

144 GStA PK, I. HA Rep. 76 Kultusministerium, Vc Sekt. 1 XI Teil V C Nr. 12 Bd. 1, Organisation und Durchführung der Planktonexpedition, Briefentwurf Goßlers und Scholz' an Bismarck vom 2. Januar 1889, Bl. 46.

145 GStA PK, I. HA Rep. 76 Kultusministerium, Vc Sekt. 1 XI Teil V C Nr. 12 Bd. 1, Organisation und Durchführung der Planktonexpedition, Briefentwurf Goßlers, Scholz' und Bismarcks an Wilhelm II. vom 15. Januar 1889, Bl. 50–56.

146 Ebd.

anschließend für die Bearbeitung der Proben anfallen würden; hierfür veranschlagte der Physiologe 18.000 Mark. Gerade diese Änderung sollte sich noch als geschickter Schachzug erweisen. Später sagte Hensen selbst hierzu, er hätte „vorausgesehen, daß die Resultate viel zu langsam sich würden feststellen lassen, als daß nicht fast bei Jedem eine gewisse Ungeduld sich fühlbar machen müßte; [...] in dieser Voraussicht" habe er „mit Erfolg die nöthigen Mittel für die langwierigen Untersuchungen rechtzeitig gesichert."[147] Zudem rechnete Hensen mit einem weiteren Teilnehmer sowie einem Steward, was zusätzlich 2.740 Mark erforderlich machte. Vielleicht hatte Hensen schon zu diesem Zeitpunkt ins Auge gefasst, einen Marinemaler an Bord zu nehmen, jedenfalls entsprechen die hier angegeben Teilnehmerzahlen den tatsächlichen der Expedition. Auch für den Umbau und die Ausstattung des Schiffes mit wissenschaftlichen Apparaten, Netzen etc. veranschlagt Hensen in der zweiten Kalkulation deutlich mehr (5.454 anstelle von 2.546 Mark). Hierbei wird sicherlich die Erweiterung der Aufgaben der Expedition im Laufe der Verhandlungen eine Rolle gespielt haben, die von der Marine als Gegenleistung für ihre Beratung und das zur Verfügung gestellte Material eingefordert wurden, was später noch diskutiert werden wird. Der enorme Anstieg der für die Expedition in diesem zweiten Voranschlag eingeplanten Kosten war folglich das Ergebnis der zusätzlichen Aufgaben, die der Expedition von staatlicher Seite aufgetragen wurden, sowie einer detaillierteren und umfassenderen Planung. Ob letztere auf Hensen selbst zurückging oder sich durch den Austausch mit Du Bois-Reymond sowie dem Kultusministerium ergab, kann nicht rekonstruiert werden.

Nur eine Woche nachdem die drei beteiligten Staatsdiener ihn darum ersucht hatten, bewilligte Kaiser Wilhelm II. am 23. Januar 1889 die erbetenen 70.000 Mark für Hensens Projekt aus dem Allerhöchsten Dispositionsfonds bei der Preußischen Generalstaatskasse.[148] Ein Vertrag wurde aufgesetzt, in dem Hensen als Expeditionsleiter „zu größter Sparsamkeit in der Verwendung der bewilligten Mittel und möglichster Einhaltung des in der abschriftlich beifolgenden Immediateingabe aufgestellten Kostenanschlages" verpflichtet wurde.[149]

---

147 „Rubrik: Kunst und Wissenschaft", in: Deutscher Reichsanzeiger vom 19. März 1891; enthalten in GStA PK, I. HA Rep. 76 Kultusministerium, Vc Sekt. 1 XI Teil V C Nr. 12 Bd. 2, Organisation und Durchführung der Planktonexpedition.
148 GStA PK, I. HA Rep. 76 Kultusministerium, Vc Sekt. 1 XI Teil V C Nr. 12 Bd. 1, Organisation und Durchführung der Planktonexpedition, Bewilligung des Zuschusses durch Wilhelm II. vom 23. Januar 1889, Bl. 58. – Bismarck hatte also seinen Willen durchgesetzt.
149 GStA PK, I. HA Rep. 76 Kultusministerium, Vc Sekt. 1 XI Teil V C Nr. 12 Bd. 1, Organisation und Durchführung der Planktonexpedition, Vertrag über

Den Abschluss der Verhandlungen bildet ein Schreiben Hensens an die Akademie vom 21. Mai 1889, das offensichtlich in Abschrift auch an das Kultusministerium weitergeleitet wurde.[150] Hierin berichtete Hensen, dass die Sektion für Küsten- und Hochseefischerei des DFV sich mit 10.000 Mark an der Expedition beteiligen werde, unter der Bedingung, dass „auch die Untersuchung der Vorkommen von Fischen auf hoher See in den Plan aufgenommen" werde. Hieraus ergab sich folglich eine nochmalige Verlängerung des Aufgabenkataloges. Zudem schrieb Hensen, er habe einen Privatmann überzeugen können, 1.000 Mark für einen Marinemaler zu stiften. Somit war die für die Expedition benötigte Summe gesichert. Hensen hatte nach anderthalb Jahren Verhandlungen insgesamt 105.600 Mark zur Verfügung und war zum Leiter einer Expedition ernannt worden, welche „den Charakter einer größeren Unternehmung von allgemeinem Interesse bekommen" habe, wie er selbst an die Akademie schrieb.[151]

In diesem Abschnitt ist detailliert beschrieben worden, wie Schritt für Schritt und unter Beteiligung verschiedener, vielfältig miteinander vernetzter Personen ein Rechtfertigungsnarrativ für die Planktonexpedition entwickelt wurde und wie sich durch das Heranziehen verschiedener Financiers bzw. Berater und Ausstatter als Gegenleistung der Aufgabenkatalog der Expedition erweiterte. In einem nächsten Schritt soll nun untersucht werden, wie diese Argumente vor dem allgemeinen Hintergrund ihrer Entstehung einzuordnen sind; das heißt, wie sie an gesellschaftliche, innerwissenschaftliche, politische und ökonomische Prozesse gekoppelt waren. Ein Faktor, der sich jedoch weder in der Finanzierung der Expedition direkt niederschlug, noch in den Verhandlungen explizit gemacht wurde, ist die Öffentlichkeit. Dass diese jedoch auch eine Rolle gespielt hat, wenn auch eine subtile, veranschaulicht der folgende Abschnitt.

II.2.2 Die Rolle der Öffentlichkeit in den Verhandlungen

Im vorigen Kapitel ist bereits angesprochen worden, dass die schwere Krankheit Friedrichs III. und dessen Tod am 15. Juli 1888 die Verhandlungen um die Mittelbewilligung zunächst verzögerten. Zwischen der Immediateingabe an den Kaiser vom 17. April desselben Jahres und der Wiederaufnahme der Angelegenheit durch von Goßler Ende November gab es keine sichtbare

---

die Mittelbewilligung zur Planktonexpedition unterzeichnet von Hensen, Du Bois-Reymond, Althoff, Schmidtz und Auwers am 4. Februar 1889, Bl. 79f.

150 GStA PK, I. HA Rep. 76 Kultusministerium, Vc Sekt. 1 XI Teil V C Nr. 12 Bd. 1, Organisation und Durchführung der Planktonexpedition, Brief Hensens an die Akademie der Wissenschaften vom 21. Mai 1889, Bl. 131–133.

151 Ebd.

Bewegung in der Sache. Vor diesem Hintergrund gewinnt ein Artikel, den Hensen in der Juli-Ausgabe des *Humboldt*, einer Zeitschrift für naturwissenschaftlich interessierte Leser, von 1888 veröffentlichte, eine tiefergehende Dimension. Darin beschreibt Hensen zunächst seine meereswissenschaftlichen Forschungen und Erkenntnisziele, wobei er im Übrigen auch die Bedeutung des Planktons für die damals gerade hochpopuläre – und polarisierende – Abstammungslehre Darwins erwähnt, um anschließend zu konstatieren:

> „Es dürfte wohl eine der Bestrebungen deutscher Biologen würdige Aufgabe sein, sich dieser Art von Studien anzunehmen. Dieselben sind namentlich wegen ihrer Kosten schwierig, denn sie erfordern ein seetüchtiges Schiff und mancherlei Apparat. Dergleichen läßt sich freilich bei uns nicht so leicht beschaffen, wie z.B. in England, dennoch darf man hoffen, daß auch bei uns diesen Studien die nötigen Mittel zufließen werden [...].“[152]

Der Verweis auf England meint sicherlich die Challenger-Expedition, die von der britischen Regierung großzügig finanziert wurde. Der holsteinische Zoologe Rudolph von Willemoes-Suhm (1847–1875), der an dem britischen Unternehmen teilnahm, schreibt in einem Brief an seinen Lehrer Carl von Siebold (1804–1885):

> „Der „Challenger“ ist in der Tat mit einer kleinen reisenden Akademie zu vergleichen, deren Laboratorien und Bibliothek aufs beste ausgerüstet sind. Die Regierung hat, wie Sie bereits aus den Berichten englischer Zeitungen wissen werden, mit großer Liberalität alles, was Prof. THOMSON oder einige von uns gewünscht haben, bewilligt [...].“[153]

Es ist nur allzu verständlich, dass Hensen solche Zustände auch für das Kaiserreich herbeisehnte, vor allem, wenn man bedenkt, dass bezüglich der Zukunft seiner eigenen Expedition zu dem Zeitpunkt die denkbar größte Unsicherheit herrschte. So fährt Hensen in seinem Artikel fort:

> „Recht wesentlich ist immerhin, daß unter den Freunden der Naturwissenschaften, zu denen ja in erster Reihe die Leser des „Humboldt“ gerechnet werden dürfen, ein ähnliches Interesse für solche Unternehmen wach werde, wie bei der Challengerfahrt unter den Lesern der „Nature“ in England sich kund gab. Zur

---

152 „Über biologische Meeresuntersuchungen“ von Victor Hensen, in: Humboldt vom Juli 1888; enthalten in GStA PK, I. HA Rep. 76 Kultusministerium, Vc Sekt. 1 XI Teil V C Nr. 12 Bd. 1, Organisation und Durchführung der Planktonexpedition, Bl. 20–31.

153 Zitiert nach Gerhard KORTUM, Der Holsteinische Beitrag zur britischen „Challenger“-Expedition 1872–1876. Zum Leben und Werk des Zoologen Rudolph von Willemoes-Suhm (1847–1875). Ein Beitrag zur Geschichte der Meeresforschung, in: Schriften des Naturwissenschaftlichen Vereins für Schleswig-Holstein 66 (1996), S. 97–134, hier S. 103.

Zeit der von Petermann ins Leben gerufenen deutschen Nordmeerfahrt, die von Kapitän Koldewey glücklich durchgeführt wurde, war solches Interesse unter uns lebhaft. Die historischen Ereignisse ließen es erlahmen, und die kaum besser geglückten bezüglichen Unternehmungen anderer Nationen haben die Sache der Nordmeeruntersuchung ganz in den Hintergrund gerückt."[154]

Die Implikationen dieser Aussage sind nicht unerheblich; was Hensen hier schrieb, besagte im Grunde, dass Forschungsvorhaben wie die Challenger-Expedition und eben auch seine geplante Planktonfahrt auf öffentliches Interesse angewiesen waren, um ihre Chancen auf staatliche Unterstützung zu verbessern. Dabei verwies er auch auf die essentielle Rolle, die Zeitschriften wie die englische *Nature*, die seit 1869 wöchentlich erschien, und eben auch der deutsche *Humboldt* in diesem Zusammenhang einnahmen. Erst mit dem Aufkommen dieser frühen Massenmedien rückten die Naturwissenschaften auf bisher ungekannte Weise in das Bewusstsein einer breiteren Öffentlichkeit.[155] – Auch dies mag man als einen Verwissenschaftlichungsprozess betrachten, als zunehmende Diffusion der Wissenschaft in die Alltagswelt der Bevölkerung.

Im Schlusssatz appellierte Hensen an seine Leser – nicht ohne Bezugnahme auf ihren Nationalstolz – wieder mehr Enthusiasmus für Forschungsreisen aufzubringen, denn „die Neigung, die Lösung allgemeiner Probleme zu ermuntern und zu unterstützen", dürfe bei den Deutschen „nicht geringer sein, als sie unter Gebildeten anderer Nationen ist."[156]

Um Hensens Zeitungsartikel in den zeithistorischen Kontext einordnen zu können, müssen an dieser Stelle zunächst zwei für das späte 19. Jahrhundert wesentliche, interdependente Prozesse aufgezeigt werden: Zum einen generierte die verstärkte Berichterstattung in den aufkommenden Massenmedien seit Mitte des Jahrhunderts eine neue Art der Öffentlichkeit von Wissenschaft: Die Forscher standen, überspitzt gesagt, unter ständiger Beobachtung durch die Presse.[157] Zum anderen lässt sich eine verstärkte Orientierung

---

154 „Über biologische Meeresuntersuchungen" von Victor Hensen, in: Humboldt vom Juli 1888. – Zu August Petermann (1822–1878), dem Begründer der Geographischen Zeitschrift *Petermanns Mitteilungen* siehe Matthias HOFMANN und Rainer HUSCHMANN, August Petermann. Beginn einer neuen Ära, in: Gothaer Geowissenschaftler in 220 Jahren, hrsg. vom Urania Kultur- und Bildungsverein Gotha e. V., Gotha 2005, 23–24.

155 Bernadette Bensaude VINCENT, In the Name of Science, in: Science in the Twentieth Century, hrsg. von John KRIGE und Dominique PESTRE, Hoboken 2013, S. 319–338, hier S. 320.

156 „Über biologische Meeresuntersuchungen" von Victor Hensen, in: Humboldt vom Juli 1888.

157 Vgl. hierzu und zum folgenden Sybilla NIKOLOW und Arne SCHIRRMACHER, Das Verhältnis von Wissenschaft und Öffentlichkeit als Beziehungsgeschichte. Historiographische und systematische Perspektiven, in: Wissenschaft und

wissenschaftlicher Kreise hin zur Öffentlichkeit erkennen, wie sie das obige Beispiel veranschaulicht, sodass simultan und in enger Abhängigkeit vom erstgenannten Prozess eine neue Wissenschaft der Öffentlichkeit entstand, das heißt eine Art der Wissenspräsentation, die an Adressaten außerhalb der unmittelbaren Sphäre der Gelehrten selbst adressiert war. Dass diese Art der Wissenschaft, die man unter Vorbehalt als Populärwissenschaft bezeichnen mag, zudem nicht nur von Universitätsangehörigen produziert wurde, die willens waren, ihren Elfenbeinturm zu verlassen, sondern auch von Laien, fügte dieser neuartigen Konstellation eine weitere – konfliktträchtige – Dimension hinzu.[158] Hierzu wird im Zusammenhang mit der Kontroverse um die Planktonexpedition noch mehr zu sagen sein.[159]

In einem kürzlich erschienenen Beitrag übertragen Sybilla Nikolow und Arne Schirrmacher das Ressourcenmodell nach Ash auf dieses neue Verhältnis von Wissenschaft und Öffentlichkeit: Indem die Gelehrten sich und ihre Forschungen einem breiten Publikum präsentierten, wobei der hierfür genutzte Kommunikationsraum nicht auf die Printmedien beschränkt war, sondern auch öffentliche Vorträge oder museale Wissensräume einschloss, traten sie mit der angesprochenen Öffentlichkeit in eine Austauschbeziehung: Während das Publikum beispielsweise sein Bildungs- oder Unterhaltungsbedürfnis befriedigen konnte, bezog der Wissenschaftler daraus im Gegenzug Anerkennung und Legitimation, möglicherweise auch finanzielle Unterstützung seiner wissenschaftlichen Arbeit.[160] Auch Hensen wünschte sich in seinem Artikel

---

Öffentlichkeit als Ressourcen füreinander. Studien zur Wissenschaftsgeschichte im 20. Jahrhundert, hrsg. von DENS., Frankfurt am Main u.a. 2007, S. 11–36, hier S. 23f.

158 DAUM, Wissenschaftspopularisierung, S. 451f. – Der Begriff ‚Populärwissenschaft' ist wegen seiner eindeutig negativen Konnotation in der Forschung nicht geläufig. Er wird üblicherweise mit einem hierarchischen Modell der Beziehung zwischen Wissenschaft und Öffentlichkeit in Verbindung gebracht, welches gleichzeitig impliziert, dass *public science* lediglich eine modifizierte Version fachlicher Wissenschaft ist, die außerhalb des gesellschaftlichen und kulturellen Kontextes entsteht. Dadurch wird das heute als so zentral anerkannte Moment des Austauschs, der Wechselseitigkeit der Beziehung beider Sphären unterschlagen. Vgl. ASH, Wissenschaft(en), S. 349–351.

159 Siehe Kap. II.3.1.

160 NIKOLOW/SCHIRRMACHER, Verhältnis, bes. S. 26f.; Mitchell G. ASH, Wissenschaft(en) und Öffentlichkeit(en) als Ressourcen füreinander. Weiterführende Bemerkungen zur Beziehungsgeschichte, in: Wissenschaft und Öffentlichkeit als Ressourcen füreinander. Studien zur Wissenschaftsgeschichte im 20. Jahrhundert, hrsg. von Sybilla NIKOLOW und Arne SCHIRRMACHER, Frankfurt am Main u.a. 2007, S. 349–365, hier S. 351f. – In den folgenden Kapiteln werden noch weitere denkbare Ressourcen ausgemacht werden, die in diesem Zusammenhang gehandelt werden konnten.

im *Humboldt* öffentliches Interesse für seine Forschung, die er sogar als nötig erachtete, um deren Finanzierung legitimieren zu können. Während dieser Ansatz, der vor allem nach der Motivation hinter der Kommunikation beider Sphären miteinander fragt, für dieses Kapitel besonders interessant ist, da hier analysiert werden soll, wie der Kieler Physiologe die Öffentlichkeit in seine Argumentationsstrategie einband, werden Wissenschaft und Öffentlichkeit in einem späteren Abschnitt dieser Studie noch tiefgreifender miteinander in Beziehung gesetzt werden.[161]

In Übereinstimmung mit Frank M. Turner kann Hensen in Bezug auf den oben ausführlich zitierten Artikel als *public scientist* verstanden werden, der die Allgemeinheit von der Bedeutung der Wissenschaft für die Umsetzung allgemeiner sozialer, politischer und anderer Ziele zu überzeugen versucht, um seine Forschungsarbeit zu legitimieren und Fördermittel einzuwerben.[162] Wie auch Szöllösi-Janze lässt Turner in diesem Zusammenhang nicht unerwähnt, dass die Wissenschaftler bei der Definition dieser „allgemeinen Probleme", wie Hensen sie nennt, sowie gesellschaftlicher Ziele aktiv mitwirken und ihre Tätigkeit somit im Grunde selbst legitimieren.[163] Dabei darf allerdings nicht vergessen werden, dass jeder Gelehrte gleichzeitig auch Teil der Öffentlichkeit ist. Wenn Hensen also betonte, dass seine Forschungen zur Lösung allgemeiner Fragen (wirtschaftlicher Aufschwung, Sicherung der Nahrungsgrundlage) beitragen können und er hierfür seine Expertise anbot, dann kann dies sowohl Ausdruck von Berechnung wie von tiefgehender Überzeugung und ehrlichem Interesse an Gemeinwohl und Fortschritt sein.[164]

Zuletzt bleibt in diesem Zusammenhang noch eines zu verdeutlichen: Wie auch die Kollektivsingulare ‚Wissenschaft', ‚Politik' und ‚Wirtschaft' ist der Begriff ‚Öffentlichkeit' als ein behelfsmäßiges Konstrukt zu sehen, das keine direkte, keine feststehende reale Entsprechung hat. Von ‚der' Öffentlichkeit zu sprechen, ist also im Grunde irreführend. Eine differenziertere Sicht auf dieses Konstrukt ermöglicht dagegen tiefere Einsichten in das Zusammenspiel zwischen inner- und außerwissenschaftlichen Akteuren; hierzu

---

161 Siehe Kap. II.3.1.
162 Hierzu und zum Folgenden vgl. Frank M. TURNER, Contesting Cultural Authority. Essays in Victorian Intellectual Life, Cambridge u. a. 1993, S. 202.
163 SZÖLLÖSI-JANZE, Wissenschaftler, S. 48f.
164 Dies erinnert an HACHTMANNs Vorschlag zur Erweiterung des Ressourcenmodells nach ASH um eine „subjektive Komponente", die er wie folgt begründet: „Allzu schnell geht bei einer allzu starken Orientierung auf Ressourcenensembles unter, dass deren Mobilisierung nicht allein von einem instrumentell angelegten Kalkül, sondern oft außerdem – meist gleichzeitig – von innerer Überzeugung getragen war." Rüdiger HACHTMANN, Wissenschaftsgeschichte in der ersten Hälfte des 20. Jahrhunderts, in: Archiv für Sozialgeschichte 48 (2008), S. 539–606, hier S. 541.

bietet sich ein – rein heuristisches – Schichtmodell von Öffentlichkeit an, wie es Nikolow und Schirrmacher vorschlagen. Sie unterscheiden darin sechs Öffentlichkeitsstufen: 1) Fachwissenschaftler, 2) Fachkreise außerhalb der Fachdisziplin, 3) Fachöffentlichkeit (z.B. wissenschaftliche Gesellschaften), 4) gebildete, interessierte Öffentlichkeit, 5) gelegentlich interessierte Öffentlichkeit und 6) breite Öffentlichkeit (keine selbstinitiierte Auseinandersetzung mit Wissenschaft, zugänglich über Massenmedien).[165] Die Übergänge zwischen diesen Kategorien sind offensichtlich fließend; zudem ist die Zuordnung zu einer Gruppe immer kontextabhängig: Wer auf einem Gebiet ein Fachmann ist, kann gleichzeitig auf einem anderen ein Laie sein.[166] Wie hilfreich dieses Modell ist, um wissenschaftliche bzw. wissenschaftspopuläre Diskurse zu analysieren, wird in den folgenden Kapiteln immer wieder deutlich werden. Denn dieser Zugang hilft im Zusammenhang mit der Expedition und ihrem Nachwirken dabei, zwischen den verschiedenen Adressaten zu unterscheiden, die beispielsweise Hensen anspricht, und zu untersuchen, inwiefern er und seine Mitstreiter Begründungsformeln in Abhängigkeit von der angesprochenen Öffentlichkeitsstufe variieren, um möglichst wirkmächtig argumentieren zu können.

Der eingangs vorgestellte Artikel Hensens veranschaulicht in diesem Zusammenhang zudem, dass – insbesondere über die Massenmedien – auch mehrere Öffentlichkeiten gleichzeitig adressiert werden können, was in seinem Fall mit Sicherheit auch intendiert war.[167] Damit die Strategie des *public scientist* aufgeht, durch öffentliche Legitimationsstrategien Mittel für seine Forschung zu generieren, muss er schließlich notwendigerweise das Publikum erreichen, dass hierzu in der Lage ist, in diesem Falle also neben einem interessierten Publikum (Stufe 4, Leser des *Humboldt*) auch die preußische Wissenschaftsverwaltung, die man aufgrund ihres Bildungsganges und ihres Berufs wohl zwischen der Fachöffentlichkeit (Stufe 3) und den Interessierten (Stufe 4) einordnen muss. Dass Hensen hiermit Erfolg hatte, zeigt schon die Aufnahme des Artikels in die Akten des Kultusministeriums, aber besonders, dass von Goßler Exemplare auch an den Kaiser und an den Kronprinzen weitergab.[168] Auch Hensens Wunsch nach einem allgemeinen öffentlichen

---

165 NIKOLOW/SCHIRRMACHER, Verhältnis, bes. S. 28f.
166 ASH, Wissenschaft(en), S. 351. – Dies gilt natürlich umso mehr, je weiter sich die Wissenschaften ausdifferenzierten: Harnack konstatiert in Bezug auf diesen Prozess: „Der Antheil, den man an den Arbeiten der Collegen zu nehmen vermochte, [wurde] geringer." HARNACK, Geschichte, S. 982. Im Zusammenhang mit den Gutachten zur Planktonexpedition wird diese Einsicht noch wieder aufgegriffen werden.
167 Vgl. hierzu DAUM, Wissenschaftspopularisierung, S. 383.
168 GStA PK, I. HA Rep. 76 Kultusministerium, Vc Sekt. 1 XI Teil V C Nr. 12 Bd. 1, Organisation und Durchführung der Planktonexpedition, Brief Goßlers an den

Interesse an seiner Expedition ging in Erfüllung – entsprechend der neuen Öffentlichkeit der Wissenschaft verfolgte die Leserschaft deutscher Zeitungen gebannt die Expedition und den sich anschließenden Forschungsstreit. Ein Zeitungsartikel resümierte kurz nach Vollendung der Fahrt anerkennend:

> „Daß von Deutschland aus zu solchem Unternehmen die Mittel geboten worden sind, wird sicher in allen gebildeten Nationen von den Freunden der Wissenschaft mit Dank und Freude aufgenommen werden."[169]

II.2.3 Das wissenschaftliche Argument

> „Es bleibt demnach entschieden zu wünschen, dass vor der Inswerksetzung so kostspieliger Unternehmungen die massgebenden staatlichen Aemter genauere Erkundigungen einziehen, ob Zweck und Methode wichtig und richtig genug sind, um entsprechende Aufwendungen zu rechtfertigen. Was Häckel in seinen „Plankton-Studien" gegen die angewendete Arbeitsweise der Kieler Forschungsfahrt ausführt, hätte er im Voraus den betreffenden Behörden zur Verfügung stellen können, und zahlreiche andere Naturforscher würden das ebenfalls gekonnt haben, wenn irgend welche Vorschläge für die Ausführung eines solchen Planes eingefordert worden wären. Nicht wie eine Ueberraschung, sondern nach reiflicher Ueberlegung und öffentlicher Besprechung sind die erfolgreichen Forschungsfahrten Englands, Frankreichs, Oesterreichs und Nordamerikas ins Werk gesetzt worden."[170]

Dieses Zitat aus einem Zeitungsartikel vom März 1891, der im Kontext mit Haeckels Angriff auf die Planktonexpedition zu sehen ist, drückt große Bedenken dahingehend aus, wie sorgfältig Hensens Projekt vor der Mittelbewilligung auf seinen wissenschaftlichen Wert hin begutachtet wurde. Die Gelder der Humboldt-Stiftung, so heißt es im selben Artikel, seien vor allem „auf besondere Verwendung ihres für das Unternehmen begeisterten Sekretärs[sic] Prof. du Bois-Reymond" bewilligt worden.[171] Da dieser das Projekt außerdem für den Kultusminister begutachtete, widmet sich der folgende Abschnitt insbesondere der Frage, wie Du Bois-Reymond den Zuschuss vonseiten der Humboldt-Stiftung für Hensen mobilisierte, welche weiteren Akteure bei der wissenschaftlichen Prüfung des Projektes mitwirkten und

---

Kaiser vom 1. Mai 1889, Bl. 97f.; ebd., Brief Goßlers an Prinz Heinrich vom 9. März 1889, Bl. 88.

169 „Von der deutschen Planktonexpedition", in: Elberfelder Zeitung vom 18. November 1889; enthalten in GStA PK, I. HA Rep. 76 Kultusministerium, Vc Sekt. 1 XI Teil V C Nr. 12 Bd. 1, Organisation und Durchführung der Planktonexpedition, Bl. 278.

170 „Die neueren Forschungen über den Stoffwechsel des Meeres" von Carus Sterne, in: Tägliche Rundschau, Unterhaltungsbeilage vom 14. März 1891.

171 Ebd.

welche Vernetzungen zwischen den Beteiligten auszumachen sind. Auf dieser Basis kann anschließend ein Urteil darüber gefällt werden, ob die im einleitenden Zitat vorgebrachten Vorwürfe gerechtfertigt waren. Gleichzeitig soll zumindest in Ansätzen geprüft werden, welche Argumentationsstrategie innerhalb des wissenschaftlichen Kreises für die Expedition verfolgt wurde und ob sich diese auf wissenschaftsimmanente Motive beschränkte oder darüber hinausging. Aus den in der Einleitung geschilderten Gründen kann in diesem Abschnitt jedoch keine differenzierte Bewertung der konkreten wissenschaftlichen Argumente geleistet werden.[172]

Der erste Kontakt zwischen Hensen und der Akademie fand am 31. Januar 1888 statt. An diesem Tag wandte sich Hensen in einem Brief an Du Bois-Reymond, um sich bei ihm persönlich für sein Projekt einzusetzen, welches der Akademie vom Kultusministerium zur wissenschaftlichen Begutachtung überstellt worden war.[173] Der spätere Expeditionsleiter schilderte in diesem Schreiben in einigen Sätzen sein wissenschaftliches Erkenntnisinteresse und ging dabei kurz auf die bisherigen Resultate ein, die er mithilfe seiner neuen Methodik gemacht habe. Das Ziel, so betonte Hensen, sei genügend groß und die Methodik in ausreichendem Maße ausgearbeitet, um das Vorhaben in Angriff zu nehmen. Interessant an diesem Schreiben ist Hensens Zusatz, er habe ursprünglich nicht die Absicht gehabt, seine Planktonuntersuchungen fortzusetzen, nachdem er die Ausarbeitung seiner quantitativen Methodik abgeschlossen hatte. Allerdings sei er der Ansicht, „dass die Sache vorläufig noch ohne mich nicht recht weiter kommen würde." Hensen war sich also durchaus bewusst, dass sein wissenschaftlicher Ansatz ein gänzlich neuer war, den zunächst nur er selbst weiterverfolgen konnte. In diesem ersten Kontakt brachte der Kieler Physiologe also ausschließlich wissenschaftsimmanente Argumente vor. Einen Hinweis darauf, dass Du Bois-Reymond und Hensen sich zu diesem Zeitpunkt bereits persönlich kannten, findet sich nicht; der Stil des Briefes ist förmlich.[174]

Wie sich aus einem weiteren Schreiben Hensens an den Sekretar erschließen lässt, erhielt der Kieler Physiologe hierauf am 3. Februar 1888 ein Antwortschreiben von Du Bois-Reymond. Darin muss dieser Hensen in Aussicht gestellt haben, dass man die von der Humboldt-Stiftung für Naturforschung

---

172 Vgl. Kap. I.3.

173 ABBAW, PAW (1812–1945), II-XI-74, Verhandlungen der physik.-math. Klasse, Humboldt-Stiftung (1877–1889), Brief Hensens an Du Bois-Reymond vom 31. Januar 1888.

174 Allerdings war Hensens Kollege und Mitstreiter bei der Planktonexpedition Karl Brandt von 1878–1882 Assistent bei Du Bois-Reymonds. REIBISCH, Brandt, S. 157. Dies könnte durchaus positive Auswirkungen auf die Einschätzung des Unternehmens durch den Elektrophysiologen gehabt haben.

und Reisen seit 1885 angesparten Gelder von 24.600 Mark für die Plankton-expedition verwenden könne, denn Hensen wiederum verkündete in seiner Antwort vom 16. Februar 1888:

> „Ich persönlich bin natürlich überzeugt, daß die Ausführung der Fahrt die Wissenschaft in einer, den Kosten voll entsprechenden Weise fördern würde, aber es widerstrebt mir in solchem Maße die Gelder der Akademie resp. der Humboldt-Stiftung in solcher Weise in Anspruch zu nehmen, daß so viele jüngere Forscher dadurch um Unterstützungen gebracht werden müßten. Ich muss mich zwar eines Urtheils aus Unkunde über die betreffenden Verhältnisse begeben, aber ich möchte Ihnen gegenüber doch gerne bekennen, daß ich nicht habe einen solchen Einbruch in die Reisegelder der Akademie beabsichtigen wollen."[175]

Hensen habe gehofft, dass der Kultusminister den Großteil der Finanzierung übernehmen und evt. den Preußischen Landtag zu einer Sonderbewilligung bewegen würde.[176] Hieran lässt sich auch ablesen, dass Hensen Forschungsförderung als eine Aufgabe des Staates ansah, wie ja auch im vorangegangen Kapitel schon deutlich wurde. Da der Originalbrief Du Bois-Reymonds vom 3. Februar nicht in der Akte enthalten ist, muss an dieser Stelle im Unklaren bleiben, ob der Sekretar der Humboldt-Stiftung darin die Bewilligung der Gelder bereits als beschlossene Sache ausgab; man kann Hensens Antwortbrief so lesen, doch ist es auch möglich, dass der Berliner Physiologe lediglich versprach, sich für die Bewilligung einzusetzen.

Der Sekretar der Akademie unternahm nun folgende Schritte: Zunächst forderte er in einem Rundschreiben die Mitglieder der physikalisch-mathematischen Klasse der Akademie auf, bis zur nächsten Klassensitzung Vorschläge für die Verwendung der angesparten Mittel der Humboldt-Stiftung einzureichen.[177] Da nur der Zoologe Hermann Munk (1840–1909) einen solchen Förderungsvorschlag beim Sekretar einreichte, in welchem er empfahl, Hensens Projekt zu unterstützen, wurde in der Sitzung der Klasse am 19. April 1888 einstimmig dafür gestimmt, Hensens Antrag auf der nächsten Plenarsitzung der Akademie einzubringen und sich dafür auszusprechen.[178] Munk war gleichzeitig mit Hensen Student in Berlin bei

---

175 ABBAW, PAW (1812–1945), II-XI-74, Verhandlungen der physik.-math. Klasse, Humboldt-Stiftung (1877–1889), Brief Hensens an Du Bois-Reymond vom 16. Februar 1888.
176 Ebd.
177 ABBAW, PAW (1812–1945), II-XI-74, Verhandlungen der physik.-math. Klasse, Humboldt-Stiftung (1877–1889),, Rundschreiben Du Bois-Reymonds an die Mitglieder der physikalisch-mathematischen Klasse der Akademie der Wissenschaften vom 18. März 1888.
178 ABBAW, PAW (1812–1945), II-XI-74, Verhandlungen der physik.-math. Klasse, Humboldt-Stiftung (1877–1889),, Brief Munks an Du Bois-Reymond

Johannes Müller und Rudolf Virchow, sodass eine längere Bekanntschaft des Expeditionsleiters und seines Fürsprechers zumindest nicht unwahrscheinlich ist.[179] Darauf, dass Munk und Hensen um 1888 definitiv relativ engen Kontakt pflegten, gibt es den Akten weitere Hinweise, die hier nicht im Einzelnen aufgeführt werden können.[180]

Unterstützt wurde Hensens Gesuch in der Klassensitzung zudem von Franz Eilhard Schulze, der das Unternehmen auch für das Kultusministerium begutachtete.[181] Auf die Bekanntschaft zwischen Hensen und dem Berliner Zoologen und Anatomen seit der gemeinsamen Forschungsfahrt auf der *Pommerania* ist bereits hingewiesen worden. Zudem kann davon ausgegangen werden, dass auch Hensens langjähriger Kollege Möbius sich in der Klassensitzung für das Kieler Forschungsprojekt einsetzte.[182] Die Gesamtsitzung der Berliner Akademie fand am 17. Mai 1888 statt und endete mit der Bewilligung des Kieler Antrages. Der Planktonexpedition wurden die gesamten Ersparnisse der Humboldt-Stiftung von 24.600 Mark für die qualitative und quantitative Erforschung des Planktons überwiesen.[183]

Interessant ist in diesem Zusammenhang der Hinweis Ilse Jahns auf ein Gutachten der Klasse vom 22. Mai 1888, das von Schulze unterzeichnet wurde. Darin hieß es: „Die Akademie kann nur dringend wünschen, daß das Vorhaben zur Ausführung komme", da es „neben der werthvollen Bereicherung der Kenntniß von den niedersten Lebewesen im Meere, die Ausfüllung der empfindlichen Lücke in Aussicht [stellt], welche in der allgemeinen Biologie des Meeres zur Zeit besteht."[184] Du Bois-Reymond und Auwers wählten in ihrem Gutachten, das ebenfalls auf den 22. Mai 1888 datiert

---

vom 30. März 1888; ebd., Auszug aus dem Sitzungsprotokoll der physikalisch-mathematischen Classe vom 19. April 1888.

179 Zu Munk siehe Werner E. GERABEK, Art. „Munk, Hermann", in: Neue Deutsche Biographie Bd. 18, Berlin 1997, S. 595; Julius PAGEL, Art. „Munk, Hermann", in: Biographisches Lexikon hervorragender Ärzte des neunzehnten Jahrhunderts, hrsg. von DEMS., Berlin u. a. 1901, Sp. 1177f.

180 Vgl. beispielsweise GStA PK, I. HA Rep. 76 Kultusministerium, Vc Sekt. 1 XI Teil V C Nr. 12 Bd. 1, Organisation und Durchführung der Planktonexpedition, Brief Hensens an Goßler vom 22. Juni 1889, Bl. 172; ABBAW, PAW (1812–1945), II-XI-74, Brief Hensens an Du Bois-Reymond vom 6. Juli 1889; ebd. Postkarte Munks an Du Bois-Reymond vom 9. Juli 1889.

181 Schulzes Unterstützung für das Projekt während der Klassensitzung beschreibt JAHN, Humboldt-Stipendien, S. 56 auf Basis des Sitzungsprotokolls. Dieses ist hier deshalb nicht erneut eingesehen worden.

182 Ebd., S. 57.

183 ABBAW, PAW (1812–1945), II-XI-74, Verhandlungen der physik.-math. Klasse, Humboldt-Stiftung (1877–1889), Brief der Akademie an Du Bois-Reymond vom 17. März 1888.

184 Zitiert nach JAHN, Humboldt-Stipendien, S. 57.

ist, fast exakt den gleichen Wortlaut, nur dass sie zweimal Superlative verwendeten, wo Schulze sich auf Positive beschränkte.[185] Dass also das Gutachten, auf das Kultusminister von Goßler seine Argumentation gegenüber dem Finanzminister, Bismarck und dem Kaiser stützte, möglicherweise ein Werk Franz Eilhard Schulzes war – der ja neben Möbius als *Ergänzung* zu dem Gutachten der Akademie zurate gezogen worden war– und nur von Du Bois-Reymond und Auwers unterzeichnet wurde, kann entsprechend nicht ausgeschlossen werden. Ebenso ist es aber auch möglich, dass letztere nur Phrasen aus dem Gutachten der Klassensitzung übernahmen oder aber, dass die drei Akademiemitglieder überhaupt eng zusammenarbeiteten. Somit kann die genaue Autorenschaft der Gutachten nicht geklärt werden. Du Bois Reymond gab in seinem jährlichen Bericht über die Aktivitäten der Humboldt-Stiftung denkbar knapp über diese Vorgänge Auskunft:

> „Die im vorigen Jahre durch Ersparnisse für Stiftungszwecke zur Verfügung stehende grössere Summe von 24 600 Mark ist dem Professor der Physiologie in Kiel, Hrn. Hensen überwiesen worden zu einer auf eigens dazu gechartertem Dampfschiff von Jan Mayen bis nach Rio de Janeiro in Begleitung mehrerer Naturforscher zu unternehmenden Seefahrt, welche den Zweck verfolgt, die Menge der im Meere treibenden kleinen Lebewesen, des Plankton's, wie Hr. Hensen es nennt, zu bestimmen. Die Expedition ist noch in Vorbereitung begriffen."[186]

Folgendes ist an dieser Stelle festzuhalten: Die wichtigsten Akteure in den Verhandlungen an der Akademie waren neben Du Bois-Reymond vor allem Munk, ein möglicher Studienfreund Hensens, Schulze, den Hensen von der *Pommerania*-Fahrt her kannte, sowie Möbius, der ehemalige Kieler Ordinarius und Kollege Hensens bei der Kieler Kommission. Ohne hier implizieren zu wollen, dass diese Fürsprecher für das Projekt dessen wissenschaftlichen Wert nicht ernsthaft geprüft hätten, ist es doch auffällig, dass die Beteiligten untereinander in dieser Art vernetzt waren. Nur die Beziehung zwischen Du Bois-Reymond und Hensen ist schwer festzumachen. Die beiden gerieten zwischenzeitlich in Konflikt, als Anton Dohrn (1840–1909), Leiter der Zoologischen Station in Neapel, von Hensen die Unterzeichnung eines Geheimhaltungsabkommens forderte, von dem er die Anwendung einiger in Neapel entwickelter Konservierungsmethoden abhängig machte. Hensen hielt dies

---

185 GStA PK, I. HA Rep. 76 Kultusministerium, Vc Sekt. 1 XI Teil V C Nr. 12 Bd. 1, Organisation und Durchführung der Planktonexpedition, Gutachten zur Planktonexpedition von Du Bois-Reymond und Auwers vom 22. Mai 1888, Bl. 6f.

186 ABBAW, PAW (1812–1945), II-XI-74, Verhandlungen der physik.-math. Klasse, Humboldt-Stiftung (1877–1889), Bericht über die Wirksamkeit der Humboldt-Stiftung für Naturforschung und Reisen von Emil Du Bois-Reymond vom 31. Januar 1889.

für „unwissenschaftliche Geheimnißkrämerei";[187] Dohrns Station sei „kein kaufmännisches Unternehmen", weshalb er sich weigerte, zu unterzeichnen, und dies Dohrn, der ihm persönlich bekannt war, auch selbst mitteilte.[188] Die Reaktion des Sekretars hierauf schildert Hensen dem Kultusministerium wie folgt:

> „Dies Verfahren [Hensens Brief an Dohrn] hat du Bois besonders empört, so daß er mir den groben Brief geschrieben hat. Ich habe denselben an Munk geschickt, der wohl meine Vertheidigung in der Akademie übernehmen wird, so gut es geht."[189]

Wie der Konflikt weiter verlief, ist in den Akten nicht überliefert. Bemerkenswert ist erneut Munks Rolle als Hensens Fürsprecher. Dass Hensen und Du Bois-Reymond kein freundschaftliches Verhältnis pflegten, belegt auch folgendes Zitat aus einem Brief Hensens an den Sekretar:

> „Ich weiss nicht, ob ich versuchen kann und darf, Ihnen über meine Gedanken Klarheit zu verschaffen, wir verstehen uns so wenig."[190]

Dabei bleibt unbestritten, dass Du Bois-Reymond eine entscheidende Rolle bei der Bewilligung der Mittel für die Planktonexpedition gespielt hat, denn der gesamte Briefverkehr sowohl Hensens als auch des Kultusministeriums mit der Akademie war an ihn adressiert. Vielleicht spricht dies dafür, dass hier nicht Netzwerke und freundschaftliche Verbundenheit den Ausschlag gaben, sondern die Überzeugung des Berliner Elektrophysiologen, dass das Kieler Unternehmen der Wissenschaft tatsächlich wichtige neue Erkenntnisse bringen würde und somit förderungswert war. Und noch ein weiteres – mit dieser Überzeugung eng verbundenes – Moment könnte für Du Bois-Reymond bedeutsam gewesen sein: Wie von Goßler ihm brieflich bestätigte, nachdem der Kaiser die Mittel für die Expedition bewilligt hatte, durfte die Akademie,

---

187 GStA PK, I. HA Rep. 76 Kultusministerium, Vc Sekt. 1 XI Teil V C Nr. 12 Bd. 1, Organisation und Durchführung der Planktonexpedition, Brief Hensens an von Goßler vom 22. Juni 1889, Bl. 172.

188 ABBAW, PAW (1812–1945), II-XI-74, Verhandlungen der physik.-math. Klasse, Humboldt-Stiftung (1877–1889), Brief Hensens an Dohrn vom 14. Juni 1889.

189 GStA PK, I. HA Rep. 76 Kultusministerium, Vc Sekt. 1 XI Teil V C Nr. 12 Bd. 1, Organisation und Durchführung der Planktonexpedition, Brief Hensens an von Goßler vom 22. Juni 1889, Bl. 172. – Die doppelte Perspektive auf diesen Handlungsstrang der Organisation der Planktonexpedition durch Archivalien sowohl der Humboldt-Stiftung als auch des Kultusministeriums erwies sich als äußerst ergiebig, nur muss hier aus Platzgründen auf eine ausführlichere Schilderung der Vorgänge um Dohrn verzichtet werden.

190 ABBAW, PAW (1812–1945), II-XI-84, Akten der Preußischen Akademie der Wissenschaften (1812–1945), Humboldt-Stiftung, Brief Hensens an Du Bois-Reymond vom 26. Dezember 1890.

obwohl der Kaiser mit 70.000 Mark deutlich mehr zur Finanzierung beige-
steuert hatte, die wissenschaftliche Leitung des Unternehmens übernehmen
und die Planktonexpedition als selbständiges Projekt der Humboldt-Stiftung
bezeichnen, wie es das Stiftungsstatut in § 24 vorsah.[191] Du Bois-Reymonds
erster Bericht an die Akademie nach Abschluss der Forschungsreise macht
denn auch deutlich, wie stark sich die Stiftung mit dem Projekt identifizierte,
von der sie sich einen großen Prestigegewinn erhoffte:

> „Mit den von Kriegsschiffen ausgeführten wissenschaftlichen Weltumsegelun-
> gen, mit einer Challengerexpedition, kann unsere Planktonexpedition natürlich
> nicht sich messen. Doch nimmt sie, in ihren beschriebenen Grenzen, durch die
> Neuheit und Schönheit ihrer wohlumschriebenen Aufgabe eine eigenartige Stel-
> lung ein, und die Humboldt-Stiftung darf stolz darauf sein, in erster Linie zu
> ihrer Ausführung beigetragen zu haben."[192]

Hieraus mag sich also Du Bois-Reymonds tatkräftige Unterstützung des Kieler
Unternehmens erklären: Weil er von dessen wissenschaftlicher Originalität
und Bedeutung überzeugt war, erhoffte er sich für seine Akademie, die fortan
eng mit ihr in Verbindung gebracht wurde, das Ansehen der gelehrten – und
vielleicht auch der nicht-gelehrten – Welt.[193] Durchaus bemerkenswert ist
an der Vorgehensweise im Umfeld der Akademie das auffällige Fehlen der
gegenüber den Regierungsvertretern stets betonten wirtschaftlichen und nationalen Argumente für die Expedition. Diese scheinen im wissenschaftlichen
Kontext keine Rolle gespielt zu haben. Bezüglich der eingeholten Gutachten
muss allerdings konstatiert werden, dass diese vielleicht nicht nur aus rein
wissenschaftlichen Gesichtspunkten, sondern auch durch ihre Bekanntschaft
mit Hensen zu einem sehr positiven Urteil über das Vorhaben gelangten.

II.2.4 Das wirtschaftliche Argument

Auf den ersten Blick scheinen die ökonomische Bedeutung der Planktonexpedition, zu der in Kapitel II.1 auch schon Grundsätzliches ausgeführt
worden ist, und damit die Legitimität des wirtschaftlichen Arguments in den

---

191 GStA PK, I. HA Rep. 76 Kultusministerium, Vc Sekt. 1 XI Teil V C Nr. 12
    Bd. 1, Organisation und Durchführung der Planktonexpedition, Brief Goßlers
    an Scholz vom 24. November 1888, Bl. 33–39.
192 ABBAW, PAW (1812–1945), II-XI-84, Akten der Preußischen Akademie der
    Wissenschaften (1812–1945), Humboldt-Stiftung, Bericht über die Wirksamkeit
    der Humboldt-Stiftung für Naturforschung und Reisen von du Bois-Reymond
    vom 30. Januar 1890.
193 Man beachte in diesem Zusammenhang den Titel der mehrbändigen Publikation
    zur Expedition: Victor HENSEN (Hrsg.), Ergebnisse der in dem Atlantischen Oze-
    an von Mitte Juli bis Anfang November 1889 ausgeführten Plankton-Expedition
    der Humboldt-Stiftung 5 Bde., Kiel u. a. 1892–1911.

Verhandlungen offensichtlich zu sein. Bei genauerem Hinsehen ist allerdings auch in diesem Bereich, angeregt durch die Archivalien des Kultusministeriums, noch eine durchaus interessante Nuance auszumachen. Denn wie das folgende Kapitel veranschaulichen wird, verfolgten Hensen und die Gutachter mit ihrer auf den ökonomischen Aspekt bezogenen Argumentation eine Strategie, die wohl bei den involvierten Laien zu einem nicht ganz richtigen Verständnis des Expeditionszieles und des erhofften Nutzens führte. Um jedoch zu verstehen, warum der wirtschaftliche Erwägungen überhaupt eine Rolle spielte, müssen zunächst einige allgemeine Überlegungen zur Fischerei im späten 19. Jahrhundert angestellt werden, bevor dann der Argumentationsverlauf in den Verhandlungen detaillierter betrachtet wird.

In den 1880er Jahren, als Hensen im Zuge seiner Tätigkeit bei der Kieler Kommission angesichts seiner überraschenden Forschungsergebnisse langsam den Plan für die Planktonexpedition zu formulieren begann, befand sich die deutsche Seefischerei im Vergleich zu anderen Nord- und Ostseeanrainern noch in einer eher rudimentären Verfassung: Die Fischer beschränkten sich auf die Küstenfischerei, meist von kleinen Segelbooten aus, und die Fänge wurden noch lebend an die regionale Bevölkerung verkauft.[194] Seefisch war – abgesehen vielleicht von Hering – bei einem durchschnittlichen Pro-Kopf-Verbrauch von lediglich 0,2 kg im Jahr für viele Deutsche ein unbekanntes Lebensmittel.[195]

Den Umschwung bewirkten technische Innovationen, die eine industrielle Fischerei erst ermöglichten: Dampfbetriebene Schiffe, entsprechende Hafenanlagen, neue Fang- und Konservierungstechniken sowie Fischverarbeitungsfabriken und vor allem ein funktionierendes Vertriebsnetz für den binnenländischen Absatzmarkt bewirkten eine stetige Ertragssteigerung in der Fischerei. Während im Jahr nach der Planktonexpedition noch 8.000 t Fisch auf den deutschen Seefischmärkten verkauft wurden, waren es zehn Jahre später 32.000 t und im Jahr 1913 bereits 95.000 t.[196] Der Fischkonsum der

---

194 Vgl. Clas Broder Hansen, Die Seefischerei, in: Übersee. Seefahrt und Seemacht im deutschen Kaiserreich, hrsg. von Volker Plagemann, München 1988, S. 216–221, hier S. 215; Heidbrink, Deutschland, S. 31.

195 Diese Angaben beziehen sich auf das zukünftige Reichsgebiet, berechnet für die Jahre 1860–1865. Heidbrink, Deutschland, S. 31. – Zur Situation der preußischen Seefischer siehe auch GStA PK, I. HA Rep. 76 Kultusministerium, Vc Sekt. 1 Tit. XI Teil I Nr. 15 Bd. 1, Deutsche Fischereivereine Bd. 1 (1881–1904), „Die Wahrheit über die preussische Fischerei und über die drückenden Verhältnisse der preußischen Berufsfischer", Sonderabdruck von Artikeln der Deutschen Fischerei-Zeitung, des einzig wirklichen Fachblattes des Deutschen Reiches, hrsg. vom Zentral-Verein preußischer Berufsfischer, Stettin 1892, Bl. 46–92.

196 Broder Hansen, Seefischerei, S. 218–221; Heidbrink, Deutschland, S. 32–34. – Die Zahl der Fischdampfer nahm von einem einzigen im Jahr 1885 auf 88 in Jahr 1895 zu. Heidbrink, Deutschland, S. 34.

Deutschen war also in etwas über zwanzig Jahren um mehr als das zehnfache angestiegen. Die Fischerei war zu einer Industrie angewachsen, mit der auch ökonomische Interessen jenseits der Küstenregionen verbunden waren.

Diese starke Intensivierung der Fischerei hing vor allem auch mit der wachsenden deutschen Bevölkerung zusammen, die mit proteinhaltiger Nahrung versorgt werden musste.[197] Insbesondere die anschwellenden Industriegebiete profitierten von dem billigen Fleischersatz.[198] Jedoch musste die Bevölkerung zunächst mit dem unbekannten Nahrungsmittel vertraut gemacht werden, sodass die Interessensverbände hinter der Seefischerei, vor allem die 1885 gegründete Sektion für Küsten- und Hochseefischerei des DFV, auf Ausstellungen für ihr Produkt werben mussten.[199] Auch die Kieler Kommission beteiligte sich, beauftragt vom preußischen Landwirtschaftsministerium, an der Popularisierung der Seefischerei, indem sie an Ausstellungen mitwirkte und zudem eine für Laien verständliche Handreichung zu den naturwissenschaftlichen Grundlagen der Fischerei publizierte.[200]

Deutschland begann seine Fischereiindustrie in einer Zeit zu intensivieren, in der die anderen Nord- und Ostseeanrainer bereits in größerem Maßstab Fischereiwirtschaft betrieben; folglich begannen die Nachbarn bald miteinander

---

197 Ron GOODFELLOW, Keynote Address to Symposium IV. Economic Aspects and Their Influence on Marine Science, in: Ocean Sciences. Their History and Relation to Man. Proceedings of the 4th International Congress on the History of Oceanography, Hamburg 23.-29.9.1987, hrsg. von Walter LENZ und Margaret DEACON, Hamburg 1990 (Deutsche Hydrographische Zeitschrift, Ergänzungsheft Reihe B Bd. 22), S. 461–466, hier S. 461f.

198 HEIDBRINK, Deutschland, S. 34; Johannes REIBISCH, Victor Hensen. Ein Nachruf, in: Schriften des Naturwissenschaftlichen Vereins für Schleswig-Holstein 17 (1926), S. 225–226, hier S. 225; Walter LENZ, Die Überfischung der Nordsee. Ein historischer Überblick des Konflikts zwischen Politik und Wissenschaft, in: Historisch-Meereskundliches Jahrbuch 1 (1992), S. 87–108, hier S. 88.

199 BRODER HANSEN, Seefischerei, S. 218f.

200 Gemeinfassliche MITTHEILUNGEN aus den Untersuchungen der Kommission zur Wissenschaftlichen Untersuchung der Deutschen Meere, hrsg. im Auftrage des KÖNIGLICHEN MINISTERIUMS für Landwirtschaft, Domänen und Forsten, Kiel 1880. – Auch im 1906 eröffneten Berliner Museum für Meereskunde (vgl. Kapitel II.2.5) wurden verschiedentlich Angaben zu den noch recht unbekannten Ressourcen des Meeres gemacht, um diese der Bevölkerung im wahrsten Sinne des Wortes schmackhaft zu machen. So wurden beispielsweise Steinbutt und Flunder als wohlschmeckend bezeichnet, während die Scholle als Speisefisch weniger zu empfehlen sei; sogar exotische Meeresfrüchte wie Trepang (getrocknete und geräucherte Seegurken) wurden angepriesen; zudem bot die Ausstellung eine Anleitung, wie man echten von gefälschtem Kaviar unterscheiden könne. Vgl. INSTITUT UND MUSEUM für Meereskunde der Friedrichs-Wilhelm-Universität Berlin (Hrsg.): Führer durch das Museum für Meereskunde in Berlin, Berlin 1907, S. 125, 132, 135.

zu konkurrieren. Im Jahr 1887 schilderte der von der Kieler Kommission ausgebildete Fischereibiologe, Mitglied des DFV und spätere Direktor der Zoologischen Station auf Helgoland Friedrich Heincke (1852–1929) die Lage noch recht positiv:

> „Es ist eine Freude zu sehen, wie jetzt fast überall im Umkreis von Nord- und Ostsee die Bestrebungen für die Ausnutzung der großen Schätze des Meeres von Tag zu Tag lebendiger werden, wie im edlen Wettbewerb die einzelnen Nationen einander zu überholen und gleichzeitig von einander zu lernen versuchen."[201]

Für die Gründung der Kieler Kommission im Jahr 1870 war, wie bereits geschildert, neben Hensen vor allem der DFV eingetreten, der den Ausbau der Seefischerei zu einer profitablen Industrie, oder anders formuliert, das Gleichziehen mit den anderen Anrainern der deutschen Meere, anstrebte. Die Untersuchungen der Kieler Forscher sollten hierfür erst die wissenschaftliche Basis schaffen. Interessant bei dieser Konstellation ist vor allem das Wissenschaftsverständnis der wirtschaftlichen Interessensvertreter: Dieses ist ganz eindeutig geprägt von der Idee wissenschaftlicher Forschung als stark anwendungsbezogen und als ein Mittel zum Zweck. Nicht nur die von Heincke stets präferierte Bezeichnung der Tätigkeit der Kieler Kommission als „wissenschaftliche Forschungen *im Dienste* der Seefischereien" ist dabei suggestiv;[202] dass Heincke nicht an wissenschaftlicher Grundlagenforschung im Bereich der Fischerei im eigentlichen Sinne interessiert war, machte er in einem Bericht in den Mitteilungen der Sektion für Küsten- und Hochseefischerei des DFV vom Jahr 1888 sehr deutlich: Darin schrieb der Fischereibiologe, dass die Sektion von der Kieler Kommission nur solche Arbeiten erwarte, die der Fischerei unmittelbar förderlich seien. Eine Untersuchung zur Seefischerei mit Trawlern – die er nach dem Vorbild der Briten intensivieren wollte, von der sich aber abzuzeichnen begann, dass sie einen äußerst devastierenden Effekt auf die Fischvorkommen in der Nordsee hatte –, lehnte er ab. Solange man nicht wisse, dass die Fischbestände tatsächlich bedroht seien, müssten die Auswirkungen dieser Fangmethode auf das Ökosystem nicht näher erforscht werden.[203] Die Wissenschaft durfte die Wirtschaftlichkeit der Fischerei in seinen Augen nicht verringern. Wie die Kieler Forscher mit dieser Definition ihrer Aufgabe – man könnte sagen mit ihrer Reduzierung auf reine Dienstleister – umgingen, ist eine durchaus interessante Frage: Fühlten sie sich eher der Wirtschaft verpflichtet oder stellten sie sich gegen den um sich greifenden

---

201 Zitiert nach LENZ, Überfischung, S. 94. – Zu Heincke siehe ebd., S. 92.
202 Friedrich HEINCKE, Die Untersuchungen von Hensen über die Produktion des Meeres an belebter Substanz, in: Mittheilungen der Section für Küsten- und Hochseefischerei 3–5 (1889), S. 35–58, passim.
203 LENZ, Überfischung, S. 94f.

Raubbau am Meer, indem sie ökologischere Fangmethoden und andere Maßnahmen zum Bestandsschutz postulierten? Versuchten sie vielleicht, ökologische und ökonomische Motive zu vereinen, indem sie den Industriellen deutlich machten, wie kurzsichtig ihre Fischerei im Grunde war, deren Wirtschaftlichkeit sie langfristig gefährdeten?[204]

Tatsächlich würde es zu weit vom eigentlichen Thema wegführen, diesen Fragen nachzugehen. An dieser Stelle sei nur darauf verwiesen, dass das Überfischungsproblem Ende des 19. Jahrhunderts nicht mehr wegzudiskutieren war, sodass man sich gezwungen sah, die Lösung des Problems in internationaler Kooperation anzugehen. 1899 begannen in Stockholm die Vorgespräche zur Einrichtung einer internationalen Arbeitsgruppe, an denen mehrere Mitglieder der Plankton-Expedition – zunächst auch Hensen, aber insbesondere Otto Krümmel[205] und Karl Brandt, – beteiligt waren. Ziel war die Rationalisierung und Regulierung der Fischerei angesichts der schwindenden Bestände. Auf der Grundlage wissenschaftlicher Meeresforschung sollten Maßnahmen erarbeitet und anschließend in internationale Konventionen umgesetzt werden.[206] 1902 gipfelten die Verhandlungen in der Begründung des noch heute bestehenden International Council for the Exploration of the Sea (ICES).[207] Die internationale Zusammenarbeit auf dem Gebiet der Fischereiforschung war von Anfang an stark geprägt von der Konkurrenz der beteiligten Staaten sowie den kollidierenden Faktoren Ökonomie und Ökologie. Somit kam es erst 1937 zu einer internationalen Konvention mit dem Ziel, die Fischvorkommen zu schonen.[208]

Für die Planktonexpedition sind die vorangegangen Ausführungen deshalb von Bedeutung, weil sie erklären, warum der Verweis auf den „praktischen Nutzen" der Untersuchungen für die Seefischerei durchaus das Interesse der

---

204 Vgl. zu diesen Fragestellungen ebd.
205 Zu Krümmels Beteiligung siehe insbesondere Johannes ULRICH und Gerhard KORTUM, Otto Krümmel (1854–1912). Geograph und Wegbereiter der modernen Ozeanographie, Kiel 1997 (Kieler geographische Schriften Bd. 93).
206 Otto KRÜMMEL, Die internationale Erforschung der nordeuropäischen Meere, in: Veröffentlichungen des Instituts für Meereskunde und des Geographischen Instituts Berlin (1904) H. 6, S. 1–7, hier S. 1.
207 Grundlegend hierzu Jens SMED, The Founding of the ICES. Prelude, Personalities and Politics. Stockholm (1899); Christiana (1901); Copenhagen (1902), in: Ocean Sciences Bridging the Millennia. A Spectrum of Historical Accounts, hrsg. von Selim MORCOS, Gary WRIGHT, Mingyuan ZHU, Roger CHARLIER, Walter LENZ, Ming LU und Emei ZOU, Beijing 2004, S. 139–162; zur Beteiligung der Kieler Meereskundler siehe DERS., Germany's Participation in the Foundation of the ICES, Withdrawal during the First World War, and Re-Entry after the War, in: Historisch-Meereskundliches Jahrbuch 16 (2010), S. 7–27.
208 Vgl. ausführlich zu diesem Thema LENZ, Überfischung.

Regierungsvertreter erregen konnte. Die Fischereiindustrie befand sich just zu dem Zeitpunkt in einem rasanten Entwicklungsschub und begann somit zum Wohlstand des Reiches beizutragen, was die weitergehende Erforschung ihrer wissenschaftlichen Grundlagen mit einem verheißungsvollen Glanz umgab. Dies eröffnete den beteiligten Wissenschaftlern die Möglichkeit, die geplanten Untersuchungen in der Finanzierungsdiskussion als nutzenorientierte Wissenschaft darzustellen, für welche die Aufwendung von Staatsmitteln gerechtfertigt erschien.[209] Ob die sich anschließenden Forschungsaktivitäten aber tatsächlich direkten Anwendungscharakter aufwiesen oder ob der prospektive „praktische Wert" lediglich als rhetorische Legitimationsfigur diente,[210] ist eine Frage, die durchaus eine eingehendere Analyse verdient, – denn hieran lässt sich ablesen, wie die an den Verhandlungen beteiligten Wissenschaftler sich die Konjunktur der Fischerei in ihrer Argumentation zunutze machten, um für die Planktonexpedition Ressourcen zu mobilisieren, wobei sie m. E. gleichzeitig das Laientum der Regierungsvertreter, der angesprochenen Öffentlichkeitsschicht, zu ihrem Vorteil nutzten.

Die vom Kultusminister gegenüber den anderen beteiligten Regierungsvertretern immer wieder vorgebrachte Argumentationsformel für die Unterstützung der Planktonexpedition, die ihren wissenschaftlichen, wirtschaftlichen und nationalen Wert betont, beruht auf den bereits erwähnten Gutachten von Du Bois-Reymond und Auwers, Schulze und Möbius sowie auf der Immediateingabe der Kieler Forscher. Alle Gutachten, so schrieb Goßler an den Finanzminister, hätten neben dem hohen wissenschaftlichen auch den praktischen Wert der Unternehmung in Bezug auf die Fischerei hervorgehoben.[211] So postulierte beispielsweise Schulze:

> „Die zu erwartenden Ergebnisse würden nicht nur von hohem wissenschaftlichen Werthe sondern auch von großer praktischer Bedeutung für die Fischerei sein, weil auf diese Weise erst ein Verständniß der Ökonomie der Lebewesen im Ocean angebahnt werden kann."[212]

---

209 Ron GOODFELLOW, Keynote Address to Symposium IV. Economic Aspects and Their Influence on Marine Science, in: Ocean Sciences. Their History and Relation to Man. Proceedings of the 4th International Congress on the History of Oceanography, Hamburg 23.-29.9.1987, hrsg. von Walter LENZ und Margaret DEACON, Hamburg 1990 (Deutsche Hydrographische Zeitschrift, Ergänzungsheft Reihe B Bd. 22), S. 461–466, hier S. 461f.

210 DIENEL, Interesse, S. 544.

211 GStA PK, I. HA Rep. 76 Kultusministerium, Vc Sekt. 1 XI Teil V C Nr. 12 Bd. 1, Organisation und Durchführung der Planktonexpedition, Brief Goßlers an Scholz vom 24. November 1888, Bl. 33–39.

212 GStA PK, I. HA Rep. 76 Kultusministerium, Vc Sekt. 1 XI Teil V C Nr. 12 Bd. 1, Organisation und Durchführung der Planktonexpedition, Gutachten über die Planktonexpedition von Schulze, Bl. 11f.

In seinem zweiten, nahezu identischen Gutachten fügte er diesem noch hinzu, dass das Plankton „als fast ausschließliche Nahrung der Seefische [...] eine große Bedeutung für die Ernährung und Wohlfahrt der Menschen" habe.[213] Möbius ging in diesem Zusammenhang sogar ins Detail:

> „Für die See- und Süßwasserfischerei ist daher die Untersuchung des Plankton oder der lebendigen Pflanzen und Tiere, welche im Wasser treiben, nach den von Hensen angegebenen und erprobten Methoden von der größten Wichtigkeit. [...] Hieraus erhellt, welchen Wert Planktonuntersuchungen [...] für die Ausdehnung und ergiebige Ausübung der Fischerei [...] erlangen können, indem sie zu einem Wegweiser für Hochseefischerei werden, d. h. für den Fang von Fischen, welche zeitweise in großen Scharen in oberflächliche Meeresschichten erscheinen. Solche nationalökonomisch wichtigen Fische sind Hering, Sprotte, Sardine, Anchovis und Makrele."[214]

Hensens Unternehmen schien laut Möbius, abgesehen von den Vorteilen für die heimatnahe Fischerei, auch zu versprechen, die bisher nur in Nord- und Ostsee betriebene Seefischerei womöglich auf die Ozeane ausdehnen zu können, wenn man nur die dafür notwendige Kenntnis über die dortigen Fischvorkommen gewänne. Die beiden ‚auswärtigen' Gutachter sprechen also durchaus von einem unmittelbaren praktischen Nutzen der Expedition für die Weiterentwicklung der Fischereiindustrie.

Sowohl Hensen als auch die Vertreter der Akademie drückten sich zumindest etwas vager aus: Sie betonten zunächst das vordergründig wissenschaftliche Interesse hinter der Fragestellung, um dann allerdings unmittelbar darauf hinzuweisen, dass sich aus den gewonnenen Erkenntnissen auf längere Sicht praktische Schlüsse für die Fischerei würden ziehen lassen. Du Bois-Reymond und Auwers stellten dabei geschickt eine Kontinuität zwischen der Planktonexpedition und Hensens anwendungsbezogener Arbeit für die Kieler Kommission her:

> „Für die richtige wirtschaftliche Ausnutzung unserer Meere war es von Bedeutung, eine angenäherte Kenntniß der Zahl der in einer bestimmten Meeresstrecke vorhandenen Fische zu gewinnen, wie auch der dem Leben und der Vermehrung der Fische freundlichen [...] Bedingungen. [...] Wie er [Hensen] jetzt mit ähnlichen Aufgaben in rein wissenschaftlichem Interesse an den Ocean herantritt,

---

213 GStA PK, I. HA Rep. 76 Kultusministerium, Vc Sekt. 1 XI Teil V C Nr. 12 Bd. 1, Organisation und Durchführung der Planktonexpedition, Gutachten über die Planktonexpedition von Schulze, Bl. 13f.

214 GStA PK, I. HA Rep. 76 Kultusministerium, Vc Sekt. 1 XI Teil V C Nr. 12 Bd. 1, Organisation und Durchführung der Planktonexpedition, Gutachten über die Planktonexpedition von Möbius, Bl. 15–19.

so ist der Gedanke nahe gelegt, daß sich auch hier mit dem wissenschaftlichen Erwerbe ein praktischer Nutzen sich werde verbinden können."[215]

Man war offensichtlich sehr bemüht, die Expedition nicht als reine Grundlagenforschung darzustellen, deren praktischer Wert nicht unmittelbar abzusehen wäre. Auch Hensen brachte sein Vorhaben mit der Nationalökonomie in Verbindung: Nachdem er zunächst das große Rätsel geschildert hatte, vor dem man seit der Entdeckung von Leben in der Tiefsee während der Wartung ozeanischer Telegraphenkabel stehe, nämlich der Frage, woher die Tiefseetiere ihre Nahrung beziehen, fuhr er fort:

> „Diese Frage ist zunächst rein wissenschaftlicher Natur, aber ihre Beantwortung ist der Weg, welcher allmählich dazu führen kann, die Production der gewaltigen Meeresfläche für den Menschen auszunutzen."[216]

Nachdem er im Anschluss seine Vorstellung von des Rätsels Lösung präsentiert hatte, nämlich dass das Plankton die Urnahrung der Meere sei, schloss der Kieler Physiologe folgende Überlegungen an:

> „Es ist hervorzuheben, dass sich die Menge dieser willenlos im Wasser treibenden Formen [...] nach Maß und Zahl bestimmen lässt. [...] Die Messung und Zählung des gemachten Fanges giebt dann die Menge der, unter der betr. Fläche befindlichen, treibenden Schaar belebter Wesen. [...] Es ist noch zu erwähnen, dass die Untersuchungen in der Ostsee eine Jahreserzeugung von organischer Substanz wahrscheinlich gemacht haben, die etwa 2/3 der Erzeugung einer gleichgrossen mit Gras bewachsenen Erdfläche gleichkommt [...]."[217]

Hensen implizierte hier, dass er eine Bilanzierung der Ertragsfähigkeit des Atlantiks anstrebe und dass dies wiederum von ökonomischem Interesse sein könne. Die Zählung und Errechnung der Menge des Planktons pro Flächeneinhalt bezeichnete Hensen dabei als „Hauptaufgabe" der Expedition. Dass es hierbei jedoch weniger darum ging, Rückschlüsse auf etwaige Fischvorkommen im Atlantik zu ziehen, als vielmehr ein Verständnis vom Stoffwechsel der Ozeane anzubahnen, konnten die Laien aus dieser Argumentation nicht herauslesen. Die Tatsache, dass sich Hensens Interessensschwerpunkt von

---

215 GStA PK, I. HA Rep. 76 Kultusministerium, Vc Sekt. 1 XI Teil V C Nr. 12 Bd. 1, Organisation und Durchführung der Planktonexpedition, Gutachten zur Planktonexpedition von Du Bois-Reymond und Auwers vom 22. Mai 1888, Bl. 6f.
216 GStA PK, I. HA Rep. 76 Kultusministerium, Vc Sekt. 1 XI Teil V C Nr. 12 Bd. 1, Organisation und Durchführung der Planktonexpedition, Immediateingabe, Bl. 60f.
217 Ebd.

den ökonomisch motivierten Untersuchungen für die Kieler Kommission auf grundsätzliche Fragen verlagert hatte, blieb im Dunkeln.[218]

Das Ergebnis dieser vielfältigen Verweise auf die prospektive ökonomische Bedeutung der Expedition mündete, wie bereits gesagt, in von Goßlers Auffassung, der Forschungsfahrt sei „in wirtschaftlicher [...] Beziehung eine ungewöhnliche Bedeutung beizumessen".[219] Dass man sich dabei in den Ministerien eher einen unmittelbaren Anwendungsbezug vorgestellt hatte als den nicht recht abschätzbaren späteren Nutzen von Grundlagenforschung, zeigen die ein Jahr später einsetzenden Probleme um die Finanzierung der Publikation der Expeditionsergebnisse. Scheinbar herrschte im Ministerium Verwirrung darüber, welche Ergebnisse das kostspielige Unternehmen denn nun tatsächlich geliefert habe, worüber es bisher nur recht knappe Berichte gab, da die Auswertung mehrere Jahre beanspruchte.[220] Befeuert wurden diese Zweifel sicherlich von Haeckels Behauptung, die Expedition sei völlig nutzlos gewesen, welche der Jenaer Zoologe auch dem Ministerium bekannt machte.[221] Der personelle Wechsel zunächst im Finanzministerium und im Laufe des Jahres 1891 auch im Kultusministerium wird sein Übriges dazu getan haben, dass man zunächst nicht gewillt schien, noch mehr in Hensens Unternehmen zu investieren.[222] Jedenfalls trat von Goßler etwa ein Jahr nach der Expedition, als Haeckel seinen Angriff publik gemacht hatte, mit der Frage nach den konkreten Ergebnissen an Hensen heran und teilte diesem mit, dass es Probleme gäbe, den Finanzminister von der Finanzierung der Publikationen zu überzeugen. Daraufhin antwortet Hensen:

„Welche materiellen, sog. praktische Fortschritte die Expedition zeitigen wird, ist im Detail nicht nachgewiesen. Jeder größere Fortschritt in der Erkenntniß der Natur bringt früher oder später auch materiellen Lohn. Indem selbst wäre

---

218 Vgl. LOHFF, Entdeckung, S. 40.
219 GStA PK, I. HA Rep. 76 Kultusministerium, Vc Sekt. 1 XI Teil V C Nr. 12 Bd. 1, Organisation und Durchführung der Planktonexpedition, Brief Goßlers an Scholz vom 24. November 1888, Bl. 38.
220 Für einen frühen Bericht siehe Victor HENSEN, Einige Ergebnisse der Plankton-Expedition der Humboldt-Stiftung, in: Naturwissenschaftliche Rundschau 5 (1890), S. 318–320.
221 Vgl. GStA PK, I. HA Rep. 76 Kultusministerium, Vc Sekt. 1 XI Teil V C Nr. 12 Bd. 2, Organisation und Durchführung der Planktonexpedition, Beglaubigte Abschrift eines Briefes von Haeckel vermutlich an Goßler vom 29. Dezember 1890. – Hierzu mehr in Kap. II.3.1.
222 Ebd., Brief Miquels an Goßler vom 10. März 1891. – Finanzminister Scholz wurde 1890 pensioniert, sein Nachfolger wurde Johannes von Miquel (1828–1901). Kultusminister Goßler trat am 31. März 1891 zurück. Ihm folgte zunächst Robert von Zedlitz-Trützschler (1837–1914) im Amt, der schon 1892 von Robert Bosse (1832–1901) ersetzt wurde.

es nicht praktisch, wenn die Expedition, nachdem sie somit gebracht worden ist, schließlich bei der Fürderung ihrer Ernte an den Verkehrsmarkt noch in Havarie gerathen sollte."[223]

Salopp formuliert könnte man sagen, Hensen redete sich an dieser Stelle heraus, seine Expedition werde irgendwann schon ökonomischen Nutzen bringen. Als 1892 der erste Band des Expeditionsberichtes erschien, nahm Hensen noch einmal zu dem ‚Missverständnis' in Bezug auf das Expeditionsziel Stellung:

> „Vielfach ist es als Ziel der Expedition hingestellt worden, dass das Quantum der jährlichen Zeugung des Meeres festgestellt werden soll; die Darstellung trug zwar wenig zu, aber ich habe mich doch nicht für verpflichtet erachtet, sie zu korrigieren. Das Ziel war erreichbar und der Laienwelt leicht verständlich. Alle wissenschaftlichen Untersucher werden wissen, wie Arbeitspläne entstehen. Man erkennt, dass die gründliche Bearbeitung einer Sache, für die man Liebe gefasst und in der man schon einige Erfahrungen gesammelt hat, die Wissenschaft in bestimmter Richtung fördern muss. Man bereitet die Arbeit vor durch Studien, durch Herstellung von Apparate[n], durch Gewinnung der nöthigen Hülfe, und tritt in die Untersuchung ein. Unser wirkliches Ziel war es, eine universelle Kenntnis des Lebens an der Oberfläche des Oceans zu gewinnen, meine Hoffnung dabei war, dass [durch] die volle Übersicht der Gemeinsamkeit einer nicht allzugrossen Anzahl sehr einfacher Formen, auf sehr grossem Gebiet mit verschiedenstem Klima, das Verständnis der Natur werde nachhaltig gefördert werden [...]. Die Frage nach der Produktion des Oceans ist ja immerhin interessant, aber ihre Lösung konnte durch unsere Expedition doch nur zunächst für die betreffende Jahreszeit erfolgen."[224]

Hensen formulierte es hier ganz explizit: Ihm war durchaus bewusst, dass die wissenschaftsexterne Öffentlichkeit, ob nun die beteiligten Politiker oder die berichterstattenden Zeitungen, seine Zielsetzung nicht richtig verstanden hatte. Da er aber von seinem Unternehmen und dessen wissenschaftlicher Bedeutung überzeugt gewesen sei, habe er sich entschieden, den Eindruck, die Planktonexpedition habe einen unmittelbaren Anwendungsbezug, nicht zu korrigieren. M. E. gründete sich diese Tatsache darauf, dass Hensen – wie auch seine wissenschaftlichen Mitstreiter – den Topos vom „praktischen Nutzen" angesichts der zunehmenden ökonomischen Bedeutung der Fischerei

---

223 GStA PK, I. HA Rep. 76 Kultusministerium, Vc Sekt. 1 XI Teil V C Nr. 12 Bd. 2, Organisation und Durchführung der Planktonexpedition, Brief Hensens an von Goßler vom 28. Oktober 1890.

224 Victor HENSEN, Einige Ergebnisse der Expedition, in: Reisebeschreibung der Plankton-Expedition nebst Einleitung von Dr. Hensen und Vorberichten von Drr. Dahl, Apstein, Lohmann, Borgert, Schütt und Brandt, hrsg. von Otto KRÜMMEL, Kiel u. a. 1892 (Ergebnisse der Plankton-Expedition der Humboldt-Stiftung Bd. 1), S. 18–46, hier S. 43.

als wertvolle Legitimationsstütze betrachteten. Die von ihnen gegenüber den Regierungsstellen betriebene Wissenschaft im öffentlichen Raum, das heißt die Anpassung der vermittelten wissenschaftlichen Inhalte an die jeweils adressierte Öffentlichkeitsschicht, in diesem Fall eine wissenschaftsexterne, nutzte dabei die mangelnde Kenntnis der Laien aus, die angesichts der gelieferten Informationen kaum in die Lage versetzt wurden, sich ein richtiges Bild von den Zielen der Planktonexpedition zu machen.

Diese Interpretation der Vorgänge soll Hensen und den anderen Gutachtern keine böswillige Täuschungsabsicht unterstellen. Mit Sicherheit waren sie in höchstem Maße von der Wichtigkeit der Expedition für die grundlegende Meeresforschung überzeugt sowie auch von der zukünftigen Möglichkeit, hierauf konkretere, anwendungsbezogene Forschung aufzubauen. Dennoch bleibt an dieser Stelle festzuhalten, dass hier durchaus berechnend vorgegangen wurde, in der Hoffnung, die Chancen auf finanzielle Unterstützung zu erhöhen.

Wie sich der späte Einstieg der Sektion für Küsten- und Hochseefischerei des DFV konkret in diese Vorgänge einfügte, konnte anhand der berücksichtigten Archivalien nicht auf zufriedenstellende Weise rekonstruiert werden. Erst am 21. Mai 1889 berichtete Hensen der Akademie, dass sich der Verein mit 10.000 Mark an den Expeditionskosten beteiligen werde. Als Gegenleistung werde auch die Untersuchung der Fischvorkommen auf hoher See in den Plan aufgenommen, da diese „mit zum Lebensbilde des Meeres" gehören würden.[225] Vielleicht lässt sich an dieser besonderen Auflage ablesen, dass der ökonomisch motivierte DFV den praktischen Nutzen für sich konkretisiert sehen wollte. Ob die im Atlantik durchgeführten Untersuchungen der Fischvorkommen konkrete Ergebnisse erbrachten, war aus den zurate gezogenen Quellen nicht erkennbar. Dies ist allerdings auch nicht zentral, denn in den Eingaben an den Kaiser etc. bezog sich das praktische Argument stets auf das Hauptuntersuchungsziel, das Plankton.

II.2.5 Das nationale Argument

In den Verhandlungen um die Finanzierung der Planktonexpedition ist das nationale Argument sicherlich das am schwersten fassbare und deshalb auch das analytisch interessanteste. Inwiefern kann eine Forschungsfahrt zur quantitativen Untersuchung ozeanischer Mikroorganismen von höchstem nationalem Interesse sein? In der Forschungsliteratur herrscht relative Einigkeit darüber, dass die Expedition von einem nationalistisch-patriotischen

---

225 GStA PK, I. HA Rep. 76 Kultusministerium, Vc Sekt. 1 XI Teil V C Nr. 12 Bd. 1, Organisation und Durchführung der Planktonexpedition, Brief Hensens an die Akademie der Wissenschaften vom 21. Mai 1889, Bl. 131–133.

Glanz umgeben war, der womöglich entscheidend dazu beitrug, den Kaiser zur Mittelbewilligung zu bewegen. Manche Historiker postulieren deshalb gar eine Politisierung des gesamten Unternehmens: Torma beispielsweise schreibt, „der patriotische Schiffsname *National* und das im Reisebericht geschilderte hochoffizielle Zeremoniell des Auslaufens [würden] im flottenbegeisterten Deutschen Kaiserreich eine politische Mission vermuten" lassen.[226] Im Folgenden soll genau geprüft werden, inwieweit das nationale Argument in den Verhandlungen eine Rolle spielte und wie sich diese konkret ausdrückte. Dabei wird die archivalische Überlieferung aus den Jahren 1888/89 eng an ihren Entstehungskontext zurückgebunden, um zu einem befriedigenden Urteil zu gelangen. Hierzu gehört auch eine gründliche Untersuchung der Frage, wie und vor allem auch wann genau sich das Verhältnis der Deutschen zum Meer von einer seeabgewandten Landmacht hin zu einer flottenbegeisterten Seemacht veränderte.

Am Anfang dieser Ausführungen müssen jedoch zunächst noch sehr viel allgemeinere Überlegungen stehen: Wie entstand der in den Verhandlungen um die Expedition konstruierte Zusammenhang zwischen wissenschaftlicher Forschung und nationalem Prestige? Die Argumentations- und Assoziationsketten, die hinter dieser Verknüpfung stehen, sind lang. Als Resultat ihrer sorgfältigen Aufschlüsselung im folgenden Abschnitt wird nicht nur deutlich werden, wie es zu der nationalen Aufladung der Expedition kam; vielmehr veranschaulicht die Analyse auf Basis aussagekräftiger und vielfältiger Quellen Grundsätzliches zum Verhältnis von Wissenschaft und Nation im Allgemeinen sowie zum Verhältnis von Meereswissenschaft und Nation im Besonderen. Dabei wird auch das widerspruchsreiche, aber dennoch nicht im eigentlichen Sinne paradoxe Nebeneinander von nationalistischen und internationalistischen Tendenzen in der Wissenschaft seit dem ausgehenden 19. Jahrhundert thematisiert.

Zunächst soll die in Kapitel II.2.1 bereits ansatzweise berücksichtige Herkunft des nationalen Argumentationsstranges in den Verhandlungen noch einmal detailliert rekonstruiert werden. Nur so kann anschließend begründet die Hypothese präsentiert werden, dass die nationalistische Aufladung des Projekts weniger das Ergebnis einer vonseiten der Regierung aktiv betriebenen Politisierung der Planktonfahrt war, als vielmehr ein Teil der von den beteiligten Wissenschaftlern betriebenen, adressatengerechten und mehrstufigen Ressourcenmobilisierungsstrategie. Dass die Wissenschaftler das Argument nicht nur aus Berechnung, sondern auch aus Überzeugung vorbrachten, wird deshalb aber nicht ausgeschlossen.

Eine dezidiert moderate Fassung des nationalen Arguments brachte zunächst Hensen in die Diskussion ein, indem er sein Vorhaben als ein „in den

---

226 Torma, Wissenschaft, S. 25; ähnlich Breidbach, Geburtswehen, S. 111.

betheiligten Kreisen überall als ein dem wissenschaftlichen Ansehen Deutschlands höchst entsprechendes und als ein sehr wünschenswerthes Unternehmen" bezeichnete.[227] Von einer prestige-steigernden Funktion ist hier noch nicht die Rede. Diese brachten erst Du Bois-Reymond und Auwers, die in ihrem Gutachten für das Kultusministerium viel mehr als die geforderte Begutachtung des *wissenschaftlichen* Wertes des Projekts leisten, in die Diskussion ein; sie schrieben:

„Auch noch ein anderes Moment fällt für das Hensensche Projekt schwer in's Gewicht. Die wissenschaftliche Erforschung des Meeres ist in erster Linie den Engländern, dann den Franzosen, Italienern und anderen Nationen zu verdanken. Deutschland ist zurückgeblieben nicht bloß wegen seiner geringeren überseeischen Verbindungen, wegen der späten Entwicklung seiner Kriegsmarine u.s.w., sondern auch wegen der geringeren Geldmittel, die es für solche Zwecke nur hat aufwenden können. Jüngst noch hat die Challenger-Expedition mit ihrer Durchführung wie mit ihren Erfolgen die freudige Bewunderung der ganzen wissenschaftlichen Welt hervorgerufen. Jetzt bietet sich uns die Möglichkeit, mit einem verhältnismäßig kleinen Aufwande durch tüchtigste Kräfte in einer neuen und ganz eigenartigen Weise die Kenntniß vom Meere zu bereichern: und es würde gegen das nationale Interesse verstoßen, eine solche Gelegenheit, uns auch für ebenbürtig den anderen Nationen an die Seite zu stellen, zu verabsäumen."[228]

Weil dieses Zitat Hinweise auf alle wesentlichen Punkte enthält, die das Verhältnis von Wissenschaft und Nation zur damaligen Zeit kennzeichneten, soll es im Folgenden – im Verbund mit einigen anderen Quellen – dazu dienen, diese Punkte nacheinander zu erläutern. Anschließend werden die so gewonnen Erkenntnisse dann wiederum auf die Verhandlungen zurückbezogen.

Zunächst einmal muss über die Identifizierung der Nation mit der Leistung ihrer Wissenschaftler an sich nachgedacht werden, die von Du Bois-Reymond und Auwers impliziert wurde, wenn in synekdotischen Ausdrücken wie „*Deutschland* ist zurückgeblieben" der Nationalstaat mit seinen Wissenschaftlern gleichgesetzt wird. Diese Arbeit bietet nicht den Raum für eine ausführliche Darstellung des komplexen Forschungsbereichs zu Nationalidentitäten.[229] Für das Verständnis des Zusammenspiels von Wissenschaft

---

227 GStA PK, I. HA Rep. 76 Kultusministerium, Vc Sekt. 1 XI Teil V C Nr. 12 Bd. 1, Organisation und Durchführung der Planktonexpedition, Beglaubigte Abschrift der Eingabe Hensens, Brandts und Schütts wegen einer Untersuchungsfahrt im Atlantischen Ozean an Goßler, Kiel den 11. Januar 1888, Bl. 8.

228 GStA PK, I. HA Rep. 76 Kultusministerium, Vc Sekt. 1 XI Teil V C Nr. 12 Bd. 1, Organisation und Durchführung der Planktonexpedition, Gutachten zur Planktonexpedition von Du Bois-Reymond und Auwers vom 22. Mai 1888, Bl. 6f.

229 Grundlegend hierzu Benedict ANDERSON, Imagined Communities. Reflections on the Origin and Spread of Nationalism, überarb. Ausg., London u. a. 2006.

und Nation genügt es zunächst, zu verdeutlichen, dass beide Sphären in der modernen Forschung als imaginierte Konstrukte analysiert werden, die aus der verinnerlichten Berufung auf eine fiktive Tradition hervorgehen.[230] So entstanden sowohl die symbolisch konstruierte Nation als auch die *scientific community* als Gemeinschaften von Menschen, die sich in Abgrenzung von anderen als Kollektiv – ausgestattet mit bestimmten Charakteristika und gemeinsamen Zielen – betrachten, auch wenn sie einander nicht im Einzelnen persönlich kennen. Für beide Kollektive ist die Berufung auf die konstruierte Tradition bei gleichzeitiger Orientierung hin zu einer gemeinsam erarbeiteten, besseren Zukunft charakteristisch.[231]

Möglich sind diese Imaginationsprozesse erst aufgrund gewisser politischer, sozialer und kultureller Entwicklungen seit dem 18. Jahrhundert, in deren Folge vermehrt in nationalen Kategorien gedacht wurde.[232] Als veranschaulichendes Beispiel soll hier ein Ausschnitt aus einem Brief Ernst Haeckels an seine Verlobte aus dem Jahr 1860 dienen:

> „In der Tat, wenn mein deutscher Patriotismus in Italien erst eigentlich geboren oder mir wenigstens zum Bewußtsein gekommen ist, so erhält er hier in Frankreich erst den Schwung des kräftigen Strebens, und ich glühe für den Gedanken, einst auch unsere Nation im Besitze des großen Guten zu sehen, das die Franzosen in ihrer kräftigen und liberalen Zentralisation bereits besitzen. Lebhafter als je fühle ich den innigen Wunsch, mit an dem Werk der Befreiung unseres deutschen Volkes zu arbeiten [...] und lebhafter als je glüht in mir der Haß gegen Adel, Pfaffen und Duodezfürsten, denen wir diesen jämmerlichen politischen Zustand Deutschlands verdanken."[233]

Doch auch nach der Gründung eines deutschen Nationalstaates, den Haeckel sich hier wünschte, muss, und das ist entscheidend, das Zusammengehörigkeitsgefühl der imaginierten Gemeinschaft durch ständige Bestätigung, Inszenierung und symbolische Veranschaulichung verstetigt werden.[234]

Dass die Wissenschaften in der Lage sein sollen, diese Rolle einzunehmen, ist im Grunde paradox: Denn wissenschaftliche Forschung beruht auf einem universellen Ethos, der mit der Partikularität des Nationalstaats auf den ersten

---

230 Geoffrey CUBITT, Introduction, in: Imagining Nations, hrsg. von DEMS., Manchester u. a. 1998 (York Studies in Cultural History), S. 1–20, hier S. 1–5; Ralph JESSEN und Jakob VOGEL, Einleitung. Die Naturwissenschaften und die Nation, in: Wissenschaft und Nation in der europäischen Geschichte, hrsg. von DENS., Frankfurt am Main u. a. 2002, S. 7–37, hier S. 10.

231 Ludmilla JORDANOVA, Science and Nationhood. Cultures of Imagined Communities, in: Imagining Nations, hrsg. von Geoffrey CUBITT, Manchester u. a. 1998 (York Studies in Cultural History), S. 192–211, hier S. 196f.

232 CUBITT, Introduction, S. 2; JESSEN/VOGEL, Einleitung, S. 9.

233 Zitiert nach KRAUSSE, Haeckel, S. 40.

234 JESSEN/VOGEL, Einleitung, S. 9.

Blick nur schwer vereinbar scheint.[235] Der universelle Gültigkeitsanspruch des auf der Basis reflektierter Methodik scheinbar objektiv gewonnenen Wissens galt weltweit, sodass Forschung immer bis zu einem gewissen Grad grenzüberschreitend betrieben wurde.[236] Und dennoch schließen Universalismus und Nationalismus sich nur scheinbar gegenseitig aus. Zum einen führte der bereits geschilderte Wissenschaftswandel im Deutschen Reich – wie auch in den anderen Staaten – zu einem engeren Verhältnis von Wissenschaft und Politik; der Staat trat als Organisator, Rationalisierer und Hauptfinancier der Wissenschaften stärker hervor als dies zuvor der Fall gewesen war; zum anderen banden die an die Gelehrten herangetragenen Wissensnachfragen, die zur Lösung national bedeutsamer Probleme beitragen sollten, die Wissenschaftler stärker in die nationale Gemeinschaft ein.

So wurden die Forscher zunehmend als Ressource der Nation verstanden und stilisierten sich auch selbst als Werkzeuge des Gemeinwohls. Der Physiker und Physiologe Hermann von Helmholtz (1821–1894), Schüler von Johannes Müller und Mitglied des Berliner Gelehrtennetzwerkes um Du Bois-Reymond, schilderte sein Wissenschaftsverständnis folgendermaßen:

> „In der Tat bilden Männer der Wissenschaft eine Art organisierter Armee. Sie suchen zum Besten der ganzen Nation, und fast immer in deren Auftrag und auf deren Kosten, die Kenntnisse zu vermehren, welche zur Steigerung der Industrie, des Reichthums, der Schönheit des Lebens, zur Verbesserung der politischen Organisation und der moralischen Entwicklung der Individuen dienen können."[237]

Dieser Ansicht nach tragen die Wissenschaften entscheidend zum Gedeihen des Nationalstaats, zum allgemeinen Fortschritt und zum Wachstum und Wohlstand der Nation bei, die sie hervorgebracht hat.[238] Dadurch erhält die wissenschaftliche Forschung für die Nation einen besonderen Wert: Sie wird zur symbolischen Ressource, wobei einzelne Wissenschaftler bzw. einzelne Forschungsprojekte eine Stellvertreterfunktion einnehmen, indem sie die Überlegenheit der jeweiligen Nation exemplifizieren.[239] Als Beispiel nannten Du Bois-Reymond und Auwers in ihrem Gutachten die Challenger-Expedition, die den Briten von allen Seiten größte Bewunderung eingebracht habe. Diese erste rein wissenschaftlich ausgerichtete Expedition brachte vor allem

---

235 Ebd., S. 7f. und S. 11.
236 Hierzu und zum Folgenden SZÖLLÖSI-JANZE, Wissenschaftler, S. 312.
237 Hermann von HELMHOLTZ, Vorträge und Reden Bd. 1, 4. Aufl., Braunschweig 1896, S. 181. – Zu Helmholtz siehe Walther GERLACH, Art. „Helmholtz, Hermann Ludwig Ferdinand von", in: Neue Deutsche Biographie Bd. 8, Berlin 1969, S. 498–501.
238 Vgl. JESSEN/VOGEL, Einleitung, S. 24.
239 SZÖLLÖSI-JANZE, Wissenschaftler, S. 312; JORDANOVA, Science, S. 199; JESSEN/VOGEL, Einleitung, S. 26.

deshalb so ein beträchtliches Prestige mit sich, weil sie einen ungemein großen Fortschritt in der Tiefseeforschung bedeutete, von dem auch andere Nationen profitierten – hier trägt der Charakter der universalen Gültigkeit von Entdeckungen, der Beitrag der nationalen Wissenschaft zum weltweiten Fortschritt, zu deren nationaler Instrumentalisierung sogar bei.[240] Nationalismus und Universalismus sind also durchaus miteinander vereinbar.

Aus dem bisher geschilderten heraus wird deutlich, warum der Konnex von Wissenschaft und Nation es den Forschern ermöglichte, anhand von nationalen Argumenten die finanzielle Förderung ihrer Forschungsprojekte einzufordern. Gerade der Hinweis auf die Konkurrenz mit Gelehrten anderer Nationen, wie ihn auch die Vertreter der Akademie in ihrem Gutachten ausführlich heraufbeschworen, gab diesen Forderungen noch einmal zusätzliches Momentum.[241] Man wollte sich „auch für ebenbürtig den anderen Nationen an die Seite [...] stellen", wie es Du Bois-Reymond und Auwers formulieren, was aber nur möglich sei, wenn der deutsche Staat es den anderen, in dieser Hinsicht fortschrittlicheren Regierungen gleichtäte und Projekte der Meeresforschung finanziell unterstütze.

Dabei ist es spannend zu reflektieren, wie sich die aus den geschilderten Nationalisierungsprozessen resultierende wachsende Konkurrenz der Nationen untereinander gleichzeitig neben der zunehmenden Internationalisierung der Forschungslandschaft entwickelte. Vom ausgehenden 19. Jahrhundert bis kurz vor dem ersten Weltkrieg halfen die verbesserten Kommunikationsmöglichkeiten sowie ein wachsenden Bedürfnis nach Austausch in einer sich zunehmend ausdifferenzierenden und spezialisierenden Wissenschaftslandschaft bei der Genese einer internationalen *scientific community,* die sich über Periodika und auf Kongressen austauschte und in internationalen Organisationen zusammenschloss.[242]

---

240 Jessen/Vogel, Einleitung, S. 27.
241 Vgl. Constantin Goschler, Deutsche Naturwissenschaft und naturwissenschaftliche Deutsche. Rudolf Virchow und die „deutsche Wissenschaft", in: Wissenschaft und Nation in der europäischen Geschichte, hrsg. von Ralph Jessen und Jakob Vogel, Frankfurt am Main u.a. 2002, S. 97–114, hier S. 103; Gabriele Metzler, Deutschland in den internationalen Wissenschaftsbeziehungen, 1900–1930, in: Gebrochene Wissenschaftskulturen. Universität und Politik im 20. Jahrhundert, hrsg. von Michael Grüttner, Rüdiger Hachtmann, Konrad H. Jarausch, Jürgen John und Matthias Middell, Göttingen 2010, S. 55–82, hier S. 82.
242 Metzler, Deutschland, S. 57; Helen M. Rozwadowski, Marine Science in the Age of Internationalism, in: Historisch-Meereskundliches Jahrbuch 6 (1999), S. 83–104, hier S. 84f. – Dass es den starken Wunsch gab, das in den verschiedenen Staaten in den unterschiedlichen Disziplinen angesammelte Wissen zusammenzuführen, zeigen die von dem Berliner Historiker und Professor für Osteuropäische

Gerade die Meeresforschung tendierte schon früh zu internationaler Kooperation.[243] Bereits 1873 hatte – wie in Kapitel II.2.3 angedeutet – Anton Dohrn seine Zoologische Station in Neapel gegründet, in der ca. 60 Wissenschaftler verschiedener Nationalität meereskundlichen Fragestellungen nachgingen.[244] Diese Einrichtung, an welcher der Planktonfahrer Karl Brandt vor seiner Berufung nach Kiel beschäftigt war, besuchte Hensen für zwei Monate zu Studienzwecken. In seiner Veröffentlichung zur Station, die auf diesem Aufenthalt beruht, machte der Kieler Physiologe deutlich, für wie notwendig er den Austausch von Forschungsergebnissen zwischen den Nationen hielt:

> „Fortdauernd wird es schwieriger, die Wissenschaft universell zu machen und zu halten, das Gefühl, dass es besonderer Mittel bedürfe, um dies Gemeingut wirklich allgemein zur Wirksamkeit zu bringen, beweist sich durch so manche als international bezeichnete Unternehmungen. Besonders fest und fruchtbringend dürfte die Universität durch Institute der Art, wie dasjenige von Dohrn, gestützt werden. Hier ist der Ort (und wird es hoffentlich in Zukunft noch mehr sein), wo die erfolgreiche Thätigkeit auf den betreffenden Gebieten zuerst in weiteren Kreisen zur Kunde kommt, wo von den Landsleuten die wichtigeren Ereignisse ihres Gebietes den Fremden genannt und zur Beachtung empfohlen werden können, wo sich aus dem Zusammenströmen der verschiedene Meinungen und Schulen ein Kern des allgemein Anzuerkennenden, des sicher Wahren wenigstens am leichtesten herausschält.“[245]

Eine derartig enge Zusammenarbeit, geprägt von „freundliche[r] Berührung" und eventueller „friedliche[r] Concurrenz", so schreibt Hensen weiter, könne

---

Geschichte Theodor Schiemann (1847–1921) und dem Belgischen Chemiker Ernest Solvay (1838–1922) betriebenen Pläne zur Gründung eines wissenschaftlichen Zentralinstituts. Solvay schlägt vor, dieses solle wie eine Telefonzentrale fungieren, mit der Hauptaufgabe, „die Gelehrten in Verbindung mit jenen Mitforschern zu setzen, mit welchen zu korrespondieren sie ein Interesse haben." GStA PK, VI. HA, Nl Schiemann, Theodor, Nr. 17, Übersetzung eines Briefes von Solvay an Emile Waxweiler vom 22. Januar 1909. Vgl. hierzu auch Walter POLLACK, Denkschrift betreffend die Gründung eines Internationalen Verbandes zur Unterstützung der gelehrten Arbeit, Berlin 1908 (Archiv für Rechts- und Wirtschaftsphilosophie Bd. 1). Bisher scheint dieses interessante und implikationsreiche Projekt keinen Eingang in die Forschungsliteratur gefunden zu haben.

243 ROZWADOWSKI, Science, passim.
244 ABBAW, NL Troschel, Nr. 96, Brief Dohrns an den Präsidenten des Reichskanzler-Amtes, Staatsminister Hofmann vom 12. Oktober 1876. – Zur Gründungsgeschichte der Station siehe Karl Josef PARTSCH, Die zoologische Station in Neapel. Modell internationaler Wissenschaftszusammenarbeit, Göttingen 1980 (Studien zur Naturwissenschaft, Technik und Wirtschaft im neunzehnten Jahrhundert Bd. 11).
245 Victor HENSEN, Die zoologische Station in Neapel, in: Leopoldina 12 (1876), S. 141–144 und 153–156, hier S.155f.

„nur wohltätig und fördernd wirken."[246] Wenn in Einrichtungen wie dieser jedoch zwar gemeinsam gearbeitet wurde, so blieben sie doch gleichzeitig in gewisser Weise Bühnen für die internationale Konkurrenz.[247] Die zoologische Station in Neapel stand unter deutscher Leitung und beschäftigte etwa zur Hälfte deutsche Wissenschaftler, sodass ihre Existenz und ihr großer Beitrag zur internationalen Forschung von Dohrn und seinen Unterstützern als nationale Leistung vermarktet werden konnten. Dass die Existenz der Station der deutschen Nation und deren charakteristischem Hang zu internationaler Zusammenarbeit zu verdanken sei, betonte auch Hensen:

> „Dass ein Deutscher dies Unternehmen ins Leben rief, ist der Ausfluss des Geistes, in welchem, dies wird glaube ich von allen Seiten anerkannt, vornehmlich bei uns, die Wissenschaft sich bewegte, indem wir vorzugsweise gerne den Fortschritten anderer Nationen bei uns, den unseren bei jenen Eingang zu verschaffen uns bemühten."[248]

Dohrn wusste die deutsche Hegemonie in seiner Station argumentativ zu nutzen, als diese 1876, drei Jahre nach ihrer Eröffnung, vor dem finanziellen Ruin stand. Damals wandte er sich an das Reichskanzler-Amt, um – im Übrigen unterstützt durch eine Eingabe der damals omnipräsenten Akteure Du Bois-Reymond, Virchow und Helmholtz – seine Einrichtung durch Staatsmittel zu retten. In seiner Begründung, in der er zunächst hervorhob, dass an der Station vornehmlich deutsche Forscher tätig sind, schrieb der Zoologe weiter:

> „Ich habe oben dargelegt, dass ich keine Anstrengung gescheut habe, um das Schicksal der Anstalt dauernd sicherzustellen, dass es mir aber noch nicht gelungen ist, dies Ziel zu erreichen. Getragen von der festen Ueberzeugung, dass die Wissenschaft und vor allem die Deutsche Wissenschaft eines solchen festen Punktes an der Küste des Mittelmeeres nicht entbehren kann, und dass die Neapolitanische Anstalt bei etwas reicherer Dotierung ihren Zweck in vollkommenster Weise erfüllen kann und wird, erlaube ich mir Ew Excellenz den nachfolgenden Antrag zu stellen [...]."[249]

Wie auch einige Jahre später in den Verhandlungen um die Planktonexpedition wurde hier ein nationales Argument für die Forschungsförderung ins Spiel gebracht. Somit veranschaulicht das Beispiel von Dohrns Einrichtung auf sehr eindrückliche Weise ein gleichzeitiges, sich nur scheinbar gegenseitig ausschließendes Miteinander von Internationalismus und Nationalismus.

---

246 Ebd.
247 GOSCHLER, Naturwissenschaft, S. 105; SZÖLLÖSI-JANZE, Wissenschaftler, S. 312
248 HENSEN, Station, S.155f.
249 ABBAW, NL Troschel, Nr. 96, Brief Dohrns an den Präsidenten des Reichs-kanzler-Amtes, Staatsminister Hofmann vom 12. Oktober 1876; beigelegt ist die erwähnte Eingabe des Berliner Gelehrtenzirkels.

Dass eine allgemeine Fortschrittsgesinnung gleichzeitig neben national-staatlicher Konkurrenz nicht nur innerhalb der Wissenschaftswelt existierte, sondern auch in einer breiteren Öffentlichkeit, sollen zwei Zeitungsausschnitte verdeutlichen. Der erste bezieht sich auf die bereits vielfach erwähnte britische Challenger-Expedition; im November 1972 proklamierte die Augsburger Zeitung:

> „Es ist noch keine Expedition zur Erforschung der Meere so gut ausgerüstet gewesen wie diese und unter so günstigen Auspicien in See gegangen. Wir freuen uns herzlich derselben; aber in diese Freude mischt sich unwillkürlich ein Gefühl des Neides, wenn wir sehen, wie unsere Flotte, der es an Schiffen nicht fehlt und der freiwillig ein volles Bataillon der tüchtigsten Forscher zur Verfügung stehen würde, nach dieser Richtung hin doch gar wenig thut."[250]

Hier wird sehr deutlich, dass eine uneingeschränkte Freude über die britische Forschungsfahrt und ihren Beitrag zur allgemeinen Erkenntnis nicht möglich war, da das prestigeträchtige Unternehmen den Deutschen deutlich vor Augen führte, dass sie bisher an der Erforschung des Meeres – wie auch an den großen Entdeckungsfahrten zuvor – keinen nennenswerten Anteil hatten.[251] Dabei hatte man vollstes Vertrauen in die Befähigung der deutschen Wissenschaftler und die materiellen Voraussetzungen für eine entsprechende deutsche ‚Gegenoffensive'.[252] Ein Zeitungsartikel aus dem Jahr vor der Durchführung der Planktonexpedition schilderte, wie sich einige schottische Wissenschaftler, die mit ihrem Kanonenboot *Jackal* im Kieler Hafen Station gemacht hatten, mit den Kieler Meeresforschern austauschten:

> „Die englischen Herren, von denen Mr. Gibsone in Deutschland studirt hat, haben in Kiel das größte Entgegenkommen gefunden, sie haben sich mit den deutschen Untersuchungsmethoden und Apparaten genau bekannt gemacht, und zu ihrer Information wurde selbst ein Ausflug in See gemacht, wo mit den

---

250 „Die Challenger-Expedition zur Erforschung der Meere", in: Beilage der Augsburger Zeitung vom 15. November 1872; zitiert nach: KORTUM, Beitrag, S. 102.
251 Vgl. AUGE/GÖLLNITZ, Professoren, S. 951.
252 Tatsächlich wurde von der deutschen Regierung 1874–1876 ein Parallelunternehmen zur Challengerfahrt finanziert: Mit der SMS Gazelle wurde unter dem Kommando des Kapitäns Georg Freiherr von Schleinitz, der später Vizeadmiral werden sollte, von Kiel aus startend eine Weltumsegelung durchgeführt. Hensen äußert sich zu dieser Expedition recht kritisch: „Die Expedition der Gazelle war, so gut sie auch gearbeitet hat, doch keine eigentlich wissenschaftliche Expedition und verlor durch die Verzögerung des Erscheinens ihrer Resultate, die abgesehen von einigen wohl nicht ihrem Werth entsprechend beachteten Mittheilungen von Studer erst vor Kurzem erschienen sind, sehr an Verdienst." HENSEN, Plankton-Expedition, S. 8.

neuesten Instrumenten, die nach Angaben von Professor Hensen angefertigt sind, gefischt und geschöpft wurde."[253]

Der Autor des Artikels scheint diesem freien wissenschaftlichen Austausch über Staatsgrenzen hinweg durchaus recht positiv gegenüberzustehen. Auch in diesem Fall stellt sich aber dem ansatzweisen Internationalismus ein patriotischer Tenor gegenüber. So heißt es darin weiter, dass es „eine wenig bekannte Thatsache" sei, dass

> „durch das stille Wirken der Kieler Wissenschaftlichen Meeres-Commission eine Art von stillschweigender internationaler Vereinbarung zustandegekommen ist, welche jetzt fast alle Völker der Welt umfasst, die mit dem Meere Berührung haben. Das Wesen dieser Vereinbarung besteht darin, dass fast in der ganzen Welt die Beobachtungen und Untersuchungen des Meeres nach deutschen Methoden und mit deutschen Instrumenten gemacht werden. [...] Die Herren Gibsone und Stuart [i.e. die schottischen Forscher] haben für Meeresuntersuchungen selbst deutsche Instrumente in Kiel gekauft. Von den außereuropäischen Völkern haben sich zuletzt die Japaner dem deutschen Untersuchungsverfahren angeschlossen und auch die Instrumente aus Kiel bezogen."[254]

Inwieweit die Einschätzung zutrifft, dass die meereswissenschaftliche Gemeinschaft sich stark an den Methoden der Kieler Kommission orientierte und dabei vor allem mit in Deutschland bzw. in Kiel gefertigten Apparaten arbeitete, kann an dieser Stelle nicht nachvollzogen werden. Definitiv zeigt sich hier jedoch erneut die Gleichsetzung bzw. enge Identifikation einiger weniger Wissenschaftler und ihrer Leistungen mit der Nation als Ganzem. Es wird eben nicht von der Hensenschen Methode gesprochen, sondern von „deutschen Methoden" und „deutschen Instrumenten". Dass Forscher aus aller Welt nach Kiel kamen, um vom dortigen Forschungskollektiv zu lernen, wird hier zur nationalen Leistung stilisiert.

Diese beiden Quellen sind hier aber nicht in erster Linie herangezogen worden, um das bereits Gesagte noch einmal zu exemplifizieren, sondern vielmehr um einen letzten wichtigen Punkt zum Thema Wissenschaft und Nation ausführen zu können: Das neuartige Verhältnis, in das diese beiden „imaginierten Gemeinschaften" (Anderson) eintraten, wurde erst ermöglicht durch die zunehmende Öffentlichkeit der Wissenschaft, die in Kapitel II.2.2 bereits ausführlich diskutiert wurde.[255] Ohne die Dauerbeobachtung wissenschaftlicher Forschungsaktivität, ohne die Berichterstattung in den

---

253 Zeitungsausschnitt zum Besuch schottischer Meereswissenschaftler in Kiel, ohne Titelangabe, in: Staatsbürger Zeitung vom 10. Oktober 1888; enthalten in GStA PK, I. HA Rep. 76 Kultusministerium, Vc Sckt. 1 XI Teil V C Nr. 12 Bd. 1, Organisation und Durchführung der Planktonexpedition, Bl. 3.
254 Ebd.
255 JORDANOVA, Science, S. 195–197; CUBITT, Introduction, S. 3.

Massenmedien mit ihrer oft nationalistisch konnotierten Rhetorik, ohne die museale Zurschaustellung von Wissen oder das öffentliche Vortragswesen wäre eine Identifikation der Nation mit ihren Wissenschaftlern von Vornherein ausgeschlossen, da die Sphären von Wissenschaft und Gesellschaft sich in dem Falle nicht überschnitten hätten.[256] Die folgenden Ausführungen werden noch verdeutlichen, wie stark gerade auch der Politik daran gelegen war, über einen öffentlichen Kommunikationsraum mit der breiten Bevölkerung in Kontakt zu treten, um in die Prozesse der Konstruktion einer deutschen Nationalidentität aktiv einzugreifen.

Bis hierhin sollte hinreichend deutlich geworden sein, dass es ein durchaus geschickter Schachzug von Du Bois-Reymond und Auwers war, das nationale Argument in die Diskussion einzubringen. Hensen griff es entsprechend auch in seiner Immediateingabe an den Kaiser auf: Dabei wiederholte er, dass Deutschland gegenüber den anderen Nationen unter Zugzwang stehe, da man noch nichts zur Tiefseeforschung beigetragen habe. Für Hensen fühlte es sich an, als hätte das Deutsche Reich deshalb „eine Verpflichtung abzutragen."[257] Diese Formulierung spricht m. E. sehr dafür, dass Hensen sich durchaus als Mitglied einer internationalen Wissenschaftsgemeinschaft verstand, in der jeder seinen Beitrag zu leisten hat. Doch auch Hensen muss diese *scientific community* als national fragmentiert wahrgenommen haben, da es ihm wichtig erschien, „daß eine von Deutschen entwickelte und zur Lösung vorbereitete Aufgabe auch von Deutschen gelößt werden" solle. Dabei versprach er dem Kaiser, dass die Expedition dem internationalen Ansehen des Reiches zuträglich sein würde, indem sie Deutschland auf ein Level mit den anderen Nationen heben würde, die bisher schon Vorstöße in die Meereskunde unternommen hatten. Nur mit der mehrjährigen Challengerfahrt könne man wohl nicht konkurrieren.[258]

Es ist durchaus bemerkenswert, dass dieses nationale Argument für die Expedition vonseiten der Wissenschaftler selbst ins Feld geführt, also den Politikern quasi in den Mund gelegt wurde. Dies ist definitiv gelungen, denn es wurde, wie eingangs geschildert, in der Eingabe des Kultus- und des Finanzministers an den Kaiser wiederholt. Hier ist es also weniger so, dass die Wissenschaft von der Politik instrumentalisiert wurde, um deren internationales Geltungsstreben zu befriedigen, als dass die Wissenschaftler selbst

---

256 Zur Bedeutung der Wissenschaftspopularisierung in diesem Zusammenhang siehe auch GOSCHLER, Naturwissenschaft, S. 113f. sowie JESSEN/VOGEL, Einleitung, S. 16.

257 GStA PK, I. HA Rep. 76 Kultusministerium, Vc Sekt. 1 XI Teil V C Nr. 12 Bd. 1, Organisation und Durchführung der Planktonexpedition, Immediateingabe, Bl. 60.

258 Ebd.

den Regierungsvertretern in geschickter Weise eine Gegenleistung für die zur Verfügung zu stellenden finanziellen Mittel anboten.[259] So sorgten sie im Grunde selbst für die Politisierung der Forschungsreise, denn auch wenn sie hier als selbständige, von der Außenpolitik nicht direkt abhängige Akteure auftraten, stellten sie sich als staatlich finanziertes Unternehmen dennoch in dessen Dienst – wenn dieser Aspekt für Hensen und die anderen Teilnehmer an der Expedition wohl auch nicht im Zentrum ihrer Ziele und Aufgaben gestanden haben wird.[260]

Mills attestiert Hensen jedoch eine starke nationalistische Motivation; er habe die soziopolitische Bedeutung des Unternehmens als Hebel benutzt, während die wissenschaftlichen Argumente in seinem Gesuch an den Kaiser eher zweitrangig gewesen seien.[261] M. E. ist dies aber eine sehr einseitige Sicht auf die Vorgänge, zumal Hensen, wie die Auswertung der Archivalien ergeben hat, nicht der eigentliche Ursprung der nationalistischen Untertöne war. Die Verhandlungsführung vonseiten der Wissenschaftler war gerade deshalb so erfolgreich – wie es auch schon die Kapitel zum wissenschaftlichen und wirtschaftlichen Argument gezeigt haben, –weil sie stets adressatengerecht war. Natürlich lieferte Hensen in seiner Immediateingabe an den Kaiser nur eine vereinfachte, für den Laien, wie sie die beteiligten Regierungsvertreter in Bezug auf Meereskunde nun einmal waren, verständliche Version. Die wissenschaftlichen Details und folglich auch die wissenschaftliche Bedeutung der Expedition, davon war Hensen überzeugt, konnten von Nicht-Wissenschaftlern gar nicht verstanden werden. Da er die Immediateingabe für eine wissenschaftsexterne Öffentlichkeitsschicht formulierte, betonte er in dieser diejenigen Argumente, die am wahrscheinlichsten zu einer Zuwendung vonseiten dieses Adressaten führen würden – und dies waren vor allem die ökonomischen und nationalen Motive.

Bis hierhin hat sich gezeigt, dass Wissenschaft und Nation in vielerlei Hinsicht miteinander interagierten. Jedoch nahmen diese allgemeinen Interdependenzen im Falle der Meeresforschung im Deutschen Kaiserreich eine besondere Qualität an, die das nationale Argument für die Planktonexpedition umso wirkungsvoller machte. Um den Zusammenhang zwischen Meeresforschung und nationalistisch-patriotischen Tendenzen der Deutschen im ausgehenden 19. Jahrhundert zu verstehen, muss ihr Verhältnis zur See in den Blick genommen werden, das sich in dieser Zeit radikal veränderte. Dabei wird zudem erläutert werden, warum Marine und Meeresforschung

---

259 Vgl. hierzu ASH, Ressourcen, S. 33 sowie SZÖLLÖSI-JANZE, Wissensgesellschaft, S. 300.
260 Vgl. zum Zusammenhang von Wissenschaft und internationaler Politik METZLER, Deutschland, S. 56.
261 MILLS, Oceanography, S. 22.

bereits früh eine symbiotische Beziehung eingingen, die auch für Hensens Unternehmen von beiderseitigem Vorteil sein sollte.

In dieser Studie ist bereits viel vom technischen und allgemeingesellschaftlichen Wandel die Rede gewesen, der für das 19. Jahrhundert kennzeichnend war. In engem Ermöglichungs- und Notwendigkeitszusammenhang mit Verbesserungen in Transportwesen, Kommunikationssystemen und Konservierungstechniken auf der einen Seite und der explosionsartigen Zunahme der Bevölkerung in den industrialisierten Staaten auf der anderen Seite stand die stetig ansteigende Bedeutung des transkontinentalen Handels und damit auch des Erwerbs bzw. der Verteidigung von Kolonien.[262] Um die Versorgung ihrer hochindustrialisierten Gesellschaften mit Waren und Rohstoffen zu sichern und dadurch den Wohlstand und die Machtposition des jeweiligen Staates zu erhalten, wurde es für die europäischen Länder, die Vereinigten Staaten und auch Japan zunehmend wichtiger, ihre Handelsrouten abzusichern und effizienter zu machen.[263]

In diesem Zusammenhang nun gewannen die Marinen erhebliche Bedeutung. Seit auch das Deutsche Reich in den 1880er Jahren, also nicht lange vor der Planktonexpedition, verhältnismäßig spät in den Kreis der Kolonialmächte eingetreten war – vor allem mit dem Ziel, Märkte für deutsche Produkte zu erschließen sowie die Rohstoffzuvor für das Kaiserreich sicherzustellen, – wurde die Marine verstärkt in Anspruch genommen, um deutsche Interessen

---

262 Vgl. hierzu und zum Folgenden Rainer POSTE, Welthandel und Weltverkehr, in: Übersee. Seefahrt und Seemacht im deutschen Kaiserreich, hrsg. von Volker PLAGEMANN, München 1988, S. 17–21, hier S. 17.

263 Vgl. Michael EPKENHANS, Flotten und Flottenaufrüstung im 20. Jahrhundert, in: Maritime Wirtschaft in Deutschland. Schifffahrt – Werften – Handel – Seemacht im 19. und 20. Jahrhundert. Vorträge der Schifffahrtshistorischen Tagung der Deutschen Gesellschaft für Schifffahrts- und Marinegeschichte (DGSM) in Hamburg vom 5.–7. November 2010, hrsg. von Jürgen ELVERT, Sigurd HESS und Heinrich WALLE, Stuttgart 2012 (Historische Mitteilungen Beiheft Bd. 82), S. 176–189, hier S. 176–178 sowie im selben Band Rolf HOBSON, Zur Seemachtsideologie, S. 170–175, hier S. 170–172. – Für eine allgemeine Einführung in die Thematik siehe DERS., Imperialism at Sea. Naval Strategic Thought, the Ideology of Sea Power, and the Tirpitz Plan, 1875–1914, Boston u.a. 2002 (Studies in Central European Histories Bd. 25). – Für eine deutschlandspezifische Einführung siehe Michael SALEWSKI, Die Deutschen und die See. Studien zur deutschen Marinegeschichte des 19. und 20. Jahrhunderts Teil 1, Stuttgart 1998 (HMRG Beiheft Bd. 25) sowie DERS., Die Deutschen und die See. Studien zur deutschen Marinegeschichte des 19. und 20. Jahrhunderts Teil 2, Stuttgart 2002 (HMRG Beiheft Bd. 45) und Volker PLAGEMANN (Hrsg.): Übersee. Seefahrt und Seemacht im deutschen Kaiserreich, München 1988.

in überseeischen Gebieten durchzusetzen und abzusichern.[264] Indem sowohl die Marine als auch die deutschen Handelsflotten ihre Aktivität in Übersee intensivierten, schufen sie gleichzeitig eine gesteigerte Nachfrage nach jeder Art von Wissen, die dabei nützlich oder gar grundlegend sein könnte: Hierzu gehörten vor allem verbesserte Seekarten, nautisches Equipment, Wissen über bestimmte Eigenschaften des Meeres wie Strömungen, Tiefe etc. und auch meteorologische Beobachtungen, z.b. um die Fahrzeit durch die richtige Ausnutzung der Winde zu verkürzen.[265] Gerade die Marine hatte ein großes Interesse an einer tiefgreifenden Kenntnis ihres Operationsgebietes und so war es nur natürlich, dass sie schon früh in eine Kooperation mit denjenigen Wissenschaftlern trat, die hierzu die nötige Expertise mitbrachten.[266]

Dabei entwickelte sich ein für beide Seiten zufriedenstellendes Austausch-verhältnis: Wie beispielsweise im Falle der bereits erwähnte *Pommerania*-Fahrten der Kieler Kommission in den Jahren 1871 und 1872 stellte die Marine den Forschern Schiffe und Besatzung zur Verfügung, während sie im Gegenzug von den gewonnenen Erkenntnissen in ihrer täglichen Arbeit profitierte. Zum Teil wurden wissenschaftliche Fahrten der Marine sogar ohne die direkte Begleitung von ausgebildeten Forschern durchgeführt, wie auch im Fall der wegen der erworbenen Kolonien notwendig gewordenen Vermessungs- und Kartographierungsarbeiten in der Südsee mit der *SMS Planet* im Jahr 1906:[267] Diese Fahrt diente neben der Vermessung des An-fahrtsweges zur Kolonie „meereskundlichen Arbeiten im allgemeinen und

---

264 Vgl. HEIDBRINK, Deutschland, S. 27; LENZ, Entwicklung, S. 13. – Zur preu-ßischen Marine, die bereits im frühen 19. Jahrhundert eine große Aktivität entfaltete, vgl. ebd.

265 Vgl. HOFFMANN-WIECK, GEOMAR, S. 701; Jens RUPPENTAHL, Wie das Meer seinen Schrecken verlor. Vermessung und Vereinnahmung des maritimen Natur-raumes im deutschen Kaiserreich, in: Weltmeere. Wissen und Wahrnehmung im langen 19. Jahrhundert, hrsg. von Alexander KRAUS und Martina WINKLER, Göttingen u. a. 2014 (Umwelt und Gesellschaft Bd. 10), S. 215–232, hier S. 217; Patrick RAMPONI, Weltpolitik maritim. Meer und Flotte als Medien des Globalen im Kaiserreich, in: Globales Denken. Kulturwissenschaftliche Perspektiven auf Globalisierungsprozesse. Ergebnisse der interdisziplinären Tagung „Welt-Kultur: Grenzen und Möglichkeiten globalen Denkens" der Philosophischen Fakultät der Universität Mannheim, 25.–27. November 2004, hrsg. von Silvia MAROSI, Frankfurt am Main u. a. 2006, S. 99–120, hier S. 103f.

266 Volker PLAGEMANN, Vorwort. Zur Hinwendung Deutschlands nach Übersee, in: Übersee. Seefahrt und Seemacht im deutschen Kaiserreich, hrsg. von DEMS., München 1988, S. 9–16, hier S. 13.

267 Vgl. Christine REINKE-KUNZE, Den Meeren auf der Spur. Geschichte und Auf-gaben der deutschen Forschungsschiffe, Herford 1986, S. 14.

[...] Tiefseeforschungen im besonderen".[268] Während die Arbeiten auf See ausschließlich von Marinesoldaten ausgeführt wurden, waren vor allem die Kieler Meeresforscher um Victor Hensen an der wissenschaftlichen Vorbereitung, Ausstattung und Auswertung der Forschungsreise beteiligt.[269] Die Marine ist somit ein ausgezeichnetes Beispiel für die für das ausgehende 19. Jahrhundert typischen Verwissenschaftlichungsprozesse.

Auch an der Kieler Planktonfahrt beteiligte sich die Marine, indem sie Hensen mit Rat und Tat zur Seite stand und ihm außerdem Ausrüstungsgegenstände zur Verfügung stellte. Im Gegenzug bat der damalige Chef der Admiralität darum, nachdem von Goßler nach diesbezüglichen Wünschen gefragt hatte, „im allgemeinen maritimen Interesse" die Vornahme von Lotungen, Bestimmung des Bodens, Beobachtungen zur Ermittlung der Temperatur der Luft und des Meereswasser, des Salzgehaltes und der Strömungen in das Arbeitsprogramm der Planktonexpedition mitaufzunehmen.[270] Von Goßler war offensichtlich von der fruchtbaren Zusammenarbeit von Marine und Wissenschaft überzeugt: So schrieb er an das Reichsmarineamt im August 1889, er sei frohen Mutes, „daß die Ergebnisse der Expedition wie für die Ehre des Deutschen Namens und die Deutsche Wissenschaft, auch für die Zwecke der Kaiserlichen Marine sich förderlich erweisen werden."[271] Dass von Goßler hier außerdem deutlich zeigt, dass er sich von Hensen und den übrigen Teilnehmern einen großen Beitrag zum allgemeinen Ansehen der deutschen Wissenschaft erhoffte, soll an dieser Stelle nicht unerwähnt bleiben.

Zunächst dachte Hensen außerdem darüber nach, für die Expedition um die Bereitstellung eines Kriegsschiffes zu bitten, was er jedoch aus Kosten- und Platzgründen verwarf.[272] Stattdessen entschied er sich bekanntlich für

---

268 Wilhelm BRENNECKE, Forschungsreise S.M.S. Planet 1906/07 Bd. 3: Ozeanographie, hrsg. vom REICHS-MARINE-AMT, Berlin 1909, S. VI-VII, Zitat S. VI; Marine-Stabsarzt GRÄF, Forschungsreise S.M.S. Planet 1906/07 Bd. 4: Biologie, hrsg. vom REICHS-MARINE-AMT, Berlin 1909, S. IV-VII. – Die bereits beschriebenen Verwissenschaftlichungsprozesse innerhalb der Marine wurden durch die Gründung von Marineakademien, beispielsweise in Kiel, an denen Offiziere gründlichst über ihr Operationsgebiet belehrt werden sollten, noch verstärkt. Vgl. EPKENHANS, Flotten, S. 177; LENZ, Entwicklung, S. 14f.
269 BRENNECKE, Forschungsreise, S. VIf.
270 GStA PK, I. HA Rep. 76 Kultusministerium, Vc Sekt. 1 XI Teil V C Nr. 12 Bd. 1, Organisation und Durchführung der Planktonexpedition, Brief des Chefs der Admiralität an Goßler vom 19. Februar 1889, Bl. 89f.
271 GStA PK, I. HA Rep. 76 Kultusministerium, Vc Sekt. 1 XI Teil V C Nr. 12 Bd. 1, Organisation und Durchführung der Planktonexpedition, Brief Goßlers an den Staatssekretär des Reichsmarineamtes vom 21. August 1889, Bl. 178.
272 GStA PK, I. HA Rep. 76 Kultusministerium, Vc Sekt. 1 XI Teil V C Nr. 12 Bd. 1, Organisation und Durchführung der Planktonexpedition, Anlage II zur Immediateingabe: Voranschlag und dessen Motivierung, Bl. 64.

die *National*. Seine Schiffswahl jedoch als Ausdruck der Politisierung bzw. des patriotischen Charakters der Planktonexpedition auszulegen, ist m. E. eine Überinterpretation. Hensen erstattete der Akademie und dem Kultusministerium ausführlich Bericht über die Vorbereitungen der Expedition, wobei er auch detailliert auf die Auswahl des Schiffes einging. Bevor er sich schließlich für die *National* entschied, hatte er drei Schiffe bei der Kieler Reederei Sartori & Berger in Augenschein genommen sowie auch eine Anfrage an die Bremer Norddeutsche Lloyd gestellt, die jedoch kein passendes Schiff anzubieten hatte.[273] Zuletzt bot ihm die Kieler Reederei Paulsen & Ivers die *National* und die *Rival* an, die er beide besichtigte. Nach der Begehung der Schiffe holte der Kieler Physiologe zusätzlich zu beiden ein Gutachten bei dem Kapitän zur See Dittmer ein.[274] Hensen machte sich gründliche Gedanken zu den nötigen Umbauten der Schiffe, zu ihrem Nettoraumgehalt, der von ihnen benötigten Menge an Kohlen und anderen Details, bevor seine Wahl am Ende dieses langen Verhandlungsprozesses mit verschiedenen Reedereien auf den Dampfer *National* fiel. All dies legt nahe, dass die Wahl des Schiffes rein pragmatischer Natur war.

Doch nun zurück zur Hinwendung des Kaiserreichs zur See: Im Kampf um die Hegemonie auf den Ozeanen verstärkte sich die internationale Konkurrenz Ende des 19. Jahrhunderts zusehends; da der fortdauernde Wohlstand und Einfluss der eigenen Nationen in zunehmendem Maße nicht mehr nur mit der Verteidigung, sondern auch mit der Expansion überseeischer Interessen assoziiert wurde, mussten – dieser Ideologie zufolge – zwangsläufig die Kriegsflotten, die die Kaufleute schützten und den Handel somit erst ermöglichten, mit den Seeinteressen der Nationen wachsen.[275] Während sich die dahingehende Politik des äußerst meeresaffinen Kaiser Wilhelm II. zur Zeit der Planktonexpedition, als er erst wenige Monate auf dem Thron saß, noch auf die verstärkte Präsenz deutscher Kreuzer auf den Weltmeeren beschränkte, sollte er nicht einmal zehn Jahre später den Startschuss für das allseits bekannte und letztendlich verhängnisvolle Flottenwettrüsten mit den Briten geben, indem er 1896 die extreme Erhöhung des Marinebudgets durchsetzte.[276] Dies

---

273 Hierzu und zum Folgenden GStA PK, I. HA Rep. 76 Kultusministerium, Vc Sekt. 1 XI Teil V C Nr. 12 Bd. 1, Organisation und Durchführung der Planktonexpedition, Brief Hensens an die Akademie der Wissenschaften vom 21. Mai 1889, Bl. 131–133.

274 Das Gutachten vom 16. April 1889 befindet sich in ABBAW, PAW (1812–1945), II-XI-74, Verhandlungen der physik.-math. Klasse, Humboldt-Stiftung (1877–1889).

275 Hobson, Seemachtsideologie, S. 170–175.

276 Lambert, Andrew: Seemacht und Geschichte. Der Aufbau der Seemacht im kaiserlichen Deutschland, in: Maritime Wirtschaft in Deutschland. Schifffahrt – Werften – Handel – Seemacht im 19. und 20. Jahrhundert. Vorträge der

ist hier deshalb durchaus von Interesse, weil laut dem einflussreichen Marine-historiker und Konteradmiral Alfred Thayer Mahan (1840–1914) neben geo-graphischen und physikalischen Voraussetzungen vor allem die personellen Ressourcen eines Staates unabdingbare Vorbedingung der Seemacht sind. Hierzu gehöre neben dem entsprechenden Regierungshandeln, den nötigen Technikexperten und Strategen vor allem ein Volk, das die Seemachtsideologie verinnerlicht hat und mitträgt.[277] Die zu diesem Zweck von der deutschen Regierung umgesetzten Maßnahmen sind eng mit der disziplingeschichtlichen Entwicklung der Meereskunde im Kaiserreich verbunden und fanden ihren stärksten Ausdruck in den Verhandlungen und der Konzeption des ersten deutschen Instituts und Museums für Meereskunde.

Seit spätestens 1898 gab es Pläne, ein solches Institut einzurichten.[278] In diesem Jahr beauftragte das preußische Kultusministerium den im Reichsma-rineamt beschäftigten Nationalökonomen Ernst von Halle (1868–1909) mit der Abfassung einer Denkschrift *Über die Möglichkeit einer Ausgestaltung des Unterrichts an der Universität Kiel im Interesse der Kriegsmarine*.[279] Die wichtigste Maßnahme, die Halle darin vorschlug, war die Einrichtung eines Instituts für Ozeanographie an der CAU, das mit der ansässigen Marineaka-demie zusammenarbeiten sollte. Zur Gründung eines meereswissenschaftli-chen Instituts an der Christiana Albertina sollte es jedoch erst in den 1930ern kommen;[280] das vom Kultusministerium in Auftrag gegebene Dokument diente

---

Schifffahrtshistorischen Tagung der Deutschen Gesellschaft für Schifffahrts- und Marinegeschichte in Hamburg vom 5.–7. November 2010, hrsg. von Jürgen ELVERT, Sigurd HESS und Heinrich WALLE, Stuttgart 2012 (Historische Mittei-lungen Beiheft Bd. 82), S. 190–209, hier S. 190. – Ausführlich zu Kaiser Wil-helm II. im Zusammenhang mit deutscher Seemacht siehe Hermannus PFEIFFER, Seemacht Deutschland. Die Hanse, Kaiser Wilhelm II. und der neue Maritime Komplex, Berlin 2009.

277 Vgl. hierzu Ulrich OTTO, Seemacht. Einführung, in: Maritime Wirtschaft in Deutschland. Schifffahrt – Werften – Handel – Seemacht im 19. und 20. Jahr-hundert. Vorträge der Schifffahrtshistorischen Tagung der Deutschen Gesell-schaft für Schifffahrts- und Marinegeschichte in Hamburg vom 5.–7. November 2010, hrsg. von Jürgen ELVERT, Sigurd HESS und Heinrich WALLE, Stuttgart 2012 (Historische Mitteilungen Beiheft Bd. 82), 168f., hier S. 168.

278 Schon 1878 hatte Heinrich Adolph Meyer, Mitglied der Kieler Kommission, die Einrichtung einer meeresbiologischen Station in Kiel – dem einzigen deutschen Universitätsstandort am Meer – vorgeschlagen. Vgl. LOHFF/KÖLMEL, Victor Hensen, S. 55.

279 Vgl. hierzu und zum Folgenden Cornelia LÜDECKE, Erich von Drygalski und die Gründung des Instituts und Museums für Meereskunde, in: Historisch-Meeres-kundliches Jahrbuch 4 (1997), S. 19–36, hier S. 24.

280 Zur Gründungsgeschichte des meereswissenschaftlichen Instituts in Kiel siehe Sebastian A. GERLACH und Gerhard KORTUM, Zur Gründung des Instituts für

dagegen schon ein Jahr später als Grundlage für eine *Denkschrift betreffend die Gründung eines Instituts für Meereskunde mit Marinemuseum*, welche nun jedoch Berlin als Standort vorsah. Sie wurde dem Kaiser am 25. Mai 1899 vom preußischen Finanzminister Johannes von Miquel (1828–1901), Kultusminister Robert Bosse (1832–1901) und dem Staatssekretär des Reichsmarineamts, Alfred von Tirpitz (1849–1930) überreicht.[281] Die ausführliche Begründung der Notwendigkeit einer solchen Einrichtung macht im Prinzip schon deutlich, warum Kiel als Standort fallen gelassen wurde:

> „Die Bedeutung, welche die mit dem Seewesen zusammenhängenden Fragen für das deutsche Volk gewonnen haben, macht eine bessere Unterweisung breiter Schichten hinsichtlich aller einschlägigen Fragen unabweisbar. [...] Daß die Kenntniß der mit dem Seewesen zusammenhängenden Fragen bisher nicht in hinreichendem Werke verbreitet war, liegt ebenso in der historischen Entwicklung des deutschen Volks, die Jahrhunderte lang das Auge der Deutschen von der See ablenkte, wie darin begründet, daß vielfach noch der wissenschaftliche Apparat gefehlt hat, um denjenigen, die nicht direkt mit dem Seewesen in Berührung standen, die entsprechenden Kenntnisse zu erschließen. Zur Beantwortung der Frage, welche Bedeutung das Meer für den Menschen, seine Geschichte und seine Wirtschaft hat, fehlen zahlreiche Untersuchungen, die ebenso nöthig als fruchtbar zu werden vermögen. Auch auf dem Gebiet der Meeresforschung und ihrer Bedeutung für die gesammte Naturwissenschaft gibt es noch viele ungelöste Fragen. Die Erziehung der deutschen Nation zur richtigen Erkenntnis ihrer zukünftigen Aufgaben wird wesentlich gefördert werden, wenn sie auf diesen Gebieten Belehrung empfängt. So wird ebensowohl eine Lücke im bisherigen Bildungswesen beseitigt, wie eine große nationale Aufgabe erfüllt, wenn geneigte Einrichtungen getroffen werden, in denen die einschlägigen Wissenschaften gepflegt, der Sinn und das Interesse für das Seewesen geweckt, und das Verständnis dafür weiter verbreitet wird."[282]

Meereskunde der Universität Kiel 1933 bis 1945, in: Historisch-Meereskundliches Jahrbuch 7 (2000), S. 7–48.

281 GStA PK I. HA Rep. 89 Geheimes Zivilkabinett, jüngere Periode, Nr. 21532, Institut für Meereskunde und das Marine-Museum (1899–1907) Bd. 1, Brief Miquels, Bosses und Tirpitz' mit beigelegter Denkschrift an den Kaiser vom 25. Mai 1899, Bl. 22–33. – Die Denkschrift ist nicht signiert, generell wird aber der Geograph und Berliner Ordinarius Ferdinand von Richthofen (1833–1905) als Autor vermutet, da er bei der Planung des Instituts eine maßgebliche Rolle einnahm und das 1900 eröffnete Institut zunächst in Personalunion mit dem Geographischen Institut leitete. Richthofen starb noch vor der Eröffnung des Museums. Vgl. Gerhard ENGELMANN, Die Gründungsgeschichte des Instituts und Museums für Meereskunde in Berlin 1899–1906, in: Historisch-Meereskundliches Jahrbuch 4 (1997), S. 105–122, hier S. 107.

282 GStA PK I. HA Rep. 89 Geheimes Zivilkabinett, jüngere Periode, Nr. 21532, Institut für Meereskunde und das Marine-Museum (1899–1907) Bd. 1, Brief

Hier wird das geplante Institut mit angeschlossenem Museum eindeutig als Einrichtung dargestellt, die das deutsche Volk zum Mittragen der Seemachtsideologie erziehen sollte, indem die hier proklamierte große Bedeutung des ganzen Maritimkomplexes durch Popularisierung zu einem Teil der deutschen Nationalidentität werden sollte.[283] Der Wissenschaft war dabei als Produzent des nötigen Wissens eine maßgebliche Rolle zugedacht. Dass jedoch der meereswissenschaftliche Erkenntnisgewinn bei der Durchsetzung des Projektes zweitrangig war, macht der gewählte Standort im Binnenland deutlich, der für ozeanische Forschungen natürlich keineswegs praktisch war.[284] Kiel unterlag in Anbetracht der priorisierten Aufgabe klar den Vorzügen der Reichshauptstadt, denn von Berlin aus ließen sich „die Fäden der Bildung über das ganze Land schlingen."[285] Teil dieses Popularisierungsplanes waren neben der Schausammlung im Museum auch öffentliche Vorträge während der Wintermonate. Laut Denkschrift sollten Museum und Vorträge „auch fernstehende Schichten zum Verständniß der Bedeutung des Seewesens und der Seegeltung [heranziehen]."[286] Der Kaiser unterstützte die Pläne von Beginn an, sodass das Institut schon ein Jahr später gegründet werden konnte.[287] Zur feierlichen Eröffnung des

---

Miquels, Bosses und Tirpitz' mit beigelegter Denkschrift an den Kaiser vom 25. Mai 1899, Bl. 23f.

283 Vgl. hierzu auch NYHART, Nature, S. 281. – Die Popularisierung der Meereskunde war dabei nur ein Baustein dieser Strategie; um das Volk zu einer *sea-mindedness* ähnlich der der Briten zu erziehen, wurde außerdem u. a. der Yachtsport zelebriert, beispielsweise auf der seit 1882 stattfindenden Kieler Woche, an der auch der Kaiser mit seiner Yacht regelmäßig teilnahm (vgl. zum Yachtsport RUPPENTHAL, Meer), die Marinemalerei protegiert (Wilhelm II. betätigte sich selbst als Marinemaler und –zeichner) sowie über die Mythisierung der Hanse eine bis ins frühe Mittelalter zurückreichende Geschichte der Deutschen als seefahrende Nation konstruiert. Vgl. Volker PLAGEMANN, Kultur, Wissenschaft, Ideologie, in: Übersee. Seefahrt und Seemacht im deutschen Kaiserreich, hrsg. von DEMS., München 1988, S. 299–308.

284 Dies lässt sich m. E. auch daran ablesen, dass das Institut nach seiner nahezu vollständigen Zerstörung im Zweiten Weltkrieg nicht wieder aufgebaut wurde.

285 GStA PK I. HA Rep. 89 Geheimes Zivilkabinett, jüngere Periode, Nr. 21532, Institut für Meereskunde und das Marine-Museum (1899–1907) Bd. 1, Brief Miquels, Bosses und Tirpitz' mit beigelegter Denkschrift an den Kaiser vom 25. Mai 1899, Bl. 25.

286 GStA PK I. HA Rep. 89 Geheimes Zivilkabinett, jüngere Periode, Nr. 21532, Institut für Meereskunde und das Marine-Museum (1899–1907) Bd. 1, Bl. 29. – Zu den meereswissenschaftlichen Vorträgen am Institut und Museum für Meereskunde siehe Hans-Jürgen NEUBERT, Das öffentliche Vortragswesen des Instituts für Meereskunde, in: Historisch-Meereskundliches Jahrbuch 4 (1997), S. 88–94.

287 GStA PK I. HA Rep. 89 Geheimes Zivilkabinett, jüngere Periode, Nr. 21532, Institut für Meereskunde und das Marine-Museum (1899–1907) Bd. 1, Brief des Chefs des Generalkabinetts Sr. Majestät vom 22. Juni 1899, Bl. 32f.

Museums im Jahr 1906 fanden sich „die Spitzen der gelehrten Welt und der Marine, die höchsten Beamten des Kultusministeriums, Vertreter zahlreicher Städte und der Finanzwelt" sowie der „Kaiser mit größerem Gefolge und seiner Durchlaucht dem Fürsten von Monaco" in der Georgenstraße 34–36 ein, um als erste die Ausstellung zu besuchen, wie es in einem Artikel aus dem Reichs- und Staatsanzeiger heißt.[288] Das Konzept ging voll auf: In das Museum strömten im ersten Jahr durchschnittlich 800 Besucher pro Tag, an manchen Tagen sogar mehr als 2.000.[289] Die öffentlichen Vorträge zogen je etwa 260 Besucher an, sodass aufgrund der großen Resonanz und zur weiteren Verbreitung der gewünschten Inhalte seit 1908 eine Veröffentlichungsreihe des Instituts für Meereskunde unter dem Titel *Meereskunde. Sammlung volkstümlicher Vorträge zum Verständnis der nationalen Bedeutung von Meer und Seewesen* herausgegeben wurde.[290] Dass überhaupt so gründlich dokumentiert wurde, wie viele Menschen mit dieser Popularisierungsstrategie erreicht wurden, und dass der Kaiser hierüber informiert wurde, unterstreicht die große Bedeutung dieses Aspekts in der Gründungsgeschichte des Instituts. Für den wissenschaftlichen Stab, der an den Plänen und deren Umsetzung beteiligt war, bot sich eine gute Möglichkeit, in diesem politischen Fahrwasser ihre wissenschaftlichen Pläne durchzusetzen. Überhaupt lieferte diese Zeit des deutschen Seegeltungsstrebens günstige Gelegenheiten, um die Regierungsstellen für meereskundliche Projekte zu begeistern; so brachte der Geograph Erich von Drygalski (1865–1949), der übrigens für die Nachfolge Ferdinand von Richthofens als Direktor des Geographischen und des Meereswissenschaftlichen Instituts der Berliner Universität im Gespräch war, in seiner Habilitationsrede die deutsche Südpolarexpedition direkt mit einer Steigerung der deutschen Seegeltung in Verbindung.[291]

---

288 „Das Museum für Meereskunde", in: Reichs- und Staatsanzeiger vom 6. März 1906.

289 Für eine komplette Beschreibung der Ausstellung siehe INSTITUT UND MUSEUM für Meereskunde der Friedrichs-Wilhelm-Universität Berlin (Hrsg.), Führer durch das Museum für Meereskunde in Berlin, Berlin 1907.

290 GStA PK, I. HA Rep. 89 Geheimes Zivilkabinett, jüngere Periode, Nr. 21533, Institut für Meereskunde und das Marine-Museum (1908–1917) Bd. 2, Brief Pencks an den Herrn Chef des Geheimen Zivil-Kabinetts seiner Majestät vom 13. Februar 1908, Bl. 1; sowie ebd., Statistiken zum Museum vom 1. Januar 1908, Bl. 2.

291 Cornelia LÜDECKE, Die erste deutsche Südpolarexpedition und die Flottenpolitik unter Kaiser Wilhelm II., in: Historisch-Meereskundliches Jahrbuch 1 (1992), S. 55–75, hier S. 55. – Bezüglich Drygalskis Verbindung zu den Berliner Instituten siehe DIES., Erich von Drygalski. – Ein äußerst interessantes Beispiel für die berechnende Nutzung des Seegeltungsarguments zur Durchsetzung wissenschaftlicher Interessen steht im Zusammenhang mit dem ICES: Als es

Obwohl sich die Mentalität, auf der diese Konjunktur der Meeresforschung fußte, wohl erst in den späten 1890ern mit der Flottenpolitik und Projekten wie dem gerade beschriebenen Institut und Museum für Meereskunde voll entfaltete, lagen die deutschen Ambitionen, den Einfluss auf den Weltmeeren auszuweiten, schon weiter zurück, gar vor der Reichsgründung. Und schon damals verstanden es Wissenschaftler, dieses politische Streben in ihre Strategien zu integrieren, um die Förderung ihrer Forschungen zu erreichen. So machte beispielsweise Georg von Neuymayer (1826–1909), der Begründer der Deutschen Seewarte in Hamburg, schon im Jahr 1865 deutlich, dass die Wissenschaft zum Seegeltungsstreben einen ganz eigenen Beitrag leisten könne:

> „Es wollte mir nie einleuchten, daß es vor Allem anderen geboten sei, durch enorme Anstrengungen zur Beschaffung einer großen Kriegsflotte unsere maritime Stellung zu erringen und zu wahren. [...]. Wir sehen Portugiesen und Spanier, Holländer und Engländer, Franzosen und Russen und in neuer Zeit Amerikaner sich ihre maritime Bedeutung anbahnen und erringen durch Leistungen auf dem Gebiet der Hydrographie und Geographie.“[292]

An dieser Stelle kann also festgehalten werden, dass die Planktonexpedition in eine Zeit fiel, da die Hinwendung der Deutschen zur See noch relativ am Anfang stand, sich aber durchaus schon abzuzeichnen begann. Wilhelm II., erst seit einigen Monaten auf dem Thron, war allerdings noch nicht zu seiner verhängnisvollen Flottenpolitik übergegangen und auch die Popularisierung der Meereskunde als Mittel, um das deutsche Volk zu einer *sea-mindedness* zu erziehen, damit es jene navalistische Politik mittrage, befand sich noch

---

zu Beginn der Gründungsverhandlungen Unsicherheit bezüglich der deutschen Beteiligung am Projekt gab, baten sowohl Hensen als auch Krümmel den norwegischen Zoologen und Polarforscher Fridtjof Nansen (1861–1930), ein Gespräch mit deutschen Regierungsvertretern zu suchen, um diese von dem Konzept zu überzeugen. Nansen willigte ein; in dem sich anschließenden Gespräch betont er gegenüber der Regierungsfraktion, dass man wohl auch ohne Großbritannien auskommen könne, wenn Deutschland nur beiträte; als aufstrebende Seefahrernation müsse Deutschland doch stark daran interessiert sein, an dieser Unternehmung, die so wichtige neue Erkenntnisse für die Meeresforschung versprach und die die Skandinavier notfalls auch allein in Angriff nehmen würden, mitzuwirken. Die Reaktion der Deutschen hierauf schildert Nansen folgendermaßen: „The German government liked this very much; they thanked me for drawing attention to this point (of course I didn't omit to mention the „fleet bill") and promised to take vivid interest in the matter". Zitiert nach Jens SMED, Germany's Participation in the Foundation of the ICES, Withdrawal during the First World War, and Re-Entry after the War, in: Historisch-Meereskundliches Jahrbuch 16 (2010), S. 7–27, hier S. 8f.

292 Neuymayer spricht hier anlässlich der Geographischen Versammlung in Frankfurt von 1865. Zitiert nach LENZ, Entwicklung, S. 17.

im Aufbau. Bedeutsamer für den Kontext von Hensens Unternehmen waren vielmehr die in den 1880ern eine neue Qualität annehmende Kolonial- und Welthandelspolitik sowie die hiermit verbundene Verwissenschaftlichung der Preußischen wie der Kaiserlichen Marine, die in ein enges Kooperationsverhältnis mit der Meereskunde traten.

Nachdem nun in den vorangegangen Abschnitten ausführlich analysiert worden ist, wie es Hensen und seinen Mitstreiter gelang, die für die Planktonexpedition benötigten Mittel durch ihre geschickte und vielfältige Argumentationsstrategie sicherzustellen, soll in den letzten beiden Kapiteln ein Ausblick darauf gegeben werden, welchen Effekt die dadurch ermöglichte Forschungsreise auf die Fachwelt, die Öffentlichkeit und schließlich auf Kiel als meereswissenschaftlichen Standort hatte.

II.3 Die Nachwirkungen der Planktonexpedition

II.3.1 „In's Wasser geworfenes Geld?" Die Forschungskontroverse mit Haeckel[293]

> „Eurer Exzellenz erlaube ich mir beifolgend – mit Rücksicht auf das besondere Interesse, welches die Kieler Plankton-Expedition der „National" (1889) erregt hat, – meine „Plankton-Studien" ergebenst zu überreichen."[294]

Mit dieser knappen, aber bedeutungsschwangeren Notiz versehen sandte Ernst Haeckel dem preußischen Kultusministerium im Dezember 1890 seine gegen die Kieler Planktonexpedition gerichtete Streitschrift zu, in der er den wissenschaftlichen Wert des gesamten Unternehmens grundsätzlich in Frage stellte.[295] Der Jenaer Zoologe proklamierte darin,

> „dass die ganze von Hensen angewendete Methode zur Bestimmung des Plankton völlig nutzlos ist, und dass die daraus gezogenen allgemeinen Schlüsse nicht

---

293 Vgl. für eine ausführlichere und auf weiteren Quellen fußende Darstellung des Forschungsstreits zwischen Hensen und Haeckel Lisa KRAGH, „In's Wasser geworfenes Geld"? Eine Kontextualisierung der öffentlichen Kontroverse um die Planktonexpedition von 1889, in: Mit Forscherdrang und Abenteuerlust. Expeditionen und Forschungsreisen Kieler Wissenschaftlerinnen und Wissenschaftler, hrsg. von Oliver AUGE und Martin GÖLLNITZ, Frankfurt am Main 2017 (Kieler Werkstücke Reihe A: Beiträge zur schleswig-holsteinischen und skandinavischen Geschichte Bd. 49), S. 67–106.

294 GStA PK, I. HA Rep. 76 Kultusministerium, Vc Sekt. 1 XI Teil V C Nr. 12 Bd. 2, Organisation und Durchführung der Planktonexpedition, Beglaubigte Abschrift eines Briefes von Haeckel vermutlich an Goßler vom 29. Dezember 1890 mit beigelegter Schrift.

295 HAECKEL, Plankton-Studien.

allein falsch sind, sondern auch ein ganz unrichtiges Licht auf die wichtigsten Probleme der pelagischen Biologie werfen."[296]

Einen Abdruck dieser Schrift an diejenigen Regierungsvertreter zu senden, die an der Realisierung des Projektes maßgeblichen Anteil hatten, kommt einer direkten Kritik an ihrer Wissenschaftspolitik gleich, was – wie die folgenden Überlegungen noch veranschaulichen werden – wohl durchaus beabsichtigt war. Entsprechend knapp fällt die Antwort des Kultusministers an Haeckel aus; sogar die übliche Floskel, man habe von der eingereichten Schrift „mit Interesse Kenntniß genommen", wurde im Briefentwurf durchgestrichen.[297] Schnell kam die Angelegenheit auch der Akademie der Wissenschaften zu Ohren, der laut Hensen „etwas das Herz in die Hosen gefallen zu sein scheint, trotzdem Möbius und Schulze den Angriff für ungerechtfertigt und rein mißverständlich erklären."[298] Die beiden genannten Gutachter und Fürsprecher des Forschungsvorhabens bei der Akademie hätten wohl ohne Gesichtsverlust auch kaum etwas anderes gelten lassen können.

Auch Hensen selbst wies die Vorwürfe zurück und reagierte zunächst auf den Angriff relativ gelassen. Er schrieb dem Kultusministerium, dass er momentan nicht recht die Zeit habe, eine Erwiderung zu formulieren, dass er aber vom Erfolg der Planktonfahrt absolut überzeugt sei; man könne „also ruhig der Entwicklung der Dinge entgegensehen."[299] In einem Antwortbrief an Du Bois-Reymond, der sich kurz nach Bekanntwerden der Vorwürfe an den Expeditionsleiter gewandt hatte, pflichtete Hensen der Ansicht des Sekretars bei, „dass ein unwahrer und verläumderischer wissenschaftlicher Arbeiter Beachtung nicht verdient […]. Doch bedarf unser, nur zu gläubiges Publikum zuweilen einer Klärung über das, was solche Autoren ihm vormachen."[300] Deshalb wolle er, schreibt Hensen in einem zweiten Brief einige Tage später, zu den Vorwürfen Stellung nehmen, um „bezüglich der Expedition zwar nicht ihm [Haeckel], aber dem Publikum Rechenschaft abzulegen"; allerdings erachte er es als „zu öde, auf alle Einzelheiten der ganz verständnislosen Einwürfe von H. einzugehen".[301] Während Hensen selbst der Attacke

296 Ebd., S. 10.
297 GStA PK, I. HA Rep. 76 Kultusministerium, Vc Sekt. 1 XI Teil V C Nr. 12 Bd. 2, Organisation und Durchführung der Planktonexpedition, Briefentwurf aus dem Kultusministerium an Haeckel vom 6. Februar 1890.
298 GStA PK, I. HA Rep. 76 Kultusministerium, Vc Sekt. 1 XI Teil V C Nr. 12 Bd. 2, Organisation und Durchführung der Planktonexpedition, Abschrift eines Briefes von Hensen an das Kultusministerium vom 21. Januar 1891.
299 Ebd.
300 ABBAW, PAW (1812–1945), II-XI-84, Akten der Preußischen Akademie der Wissenschaften (1812–1945), Humboldt-Stiftung, Brief Hensens an Du Bois-Reymond vom 12. Januar 1891.
301 Ebd.

auf seine Methodik also mit relativer Gelassenheit begegnete, schrieb er Du Bois-Reymond, dass seine Begleiter, Brandt und Schütt, darauf brennen würden, „ihre Dinge zu verteidigen."[302]

Vieles lässt sich an dieser ersten Schilderung der unmittelbaren Reaktion auf Haeckels Angriff ablesen. Vor allem eine Einsicht drängt sich auf: Die Planktonexpedition war zu einem öffentlichen Ereignis geworden – und was die Öffentlichkeit dachte, war den Beteiligten durchaus nicht gleichgültig. Man war entschlossen, Haeckel nicht nur innerhalb der wissenschaftlichen Sphäre entgegenzutreten, sondern die Expedition auch dem, wie Hensen es beschreibt, leichtgläubigem Publikum gegenüber zu rehabilitieren.

Während die Forschungskontroverse um die Planktonexpedition an sich in der Fachwissenschaft bereits sehr gut aufgearbeitet ist, sodass hinsichtlich der fachlichen Differenzen zwischen den Kontrahenten sowie möglichen persönlichen Motiven Haeckels für seine Attacke relative Klarheit herrscht, eröffnet der hier angedeutete öffentliche Aspekt – auf den Torma m. E. erstmals hingewiesen hat – eine erweiterte Perspektive auf den Konflikt.[303] Vor allem ist dieser Zugang auch deshalb vielversprechend, weil er – gemäß der eingangs formulierten Fragestellung – zu einem besseren Verständnis der Verortung damaliger Wissenschaftspraxis in ihrem gesamtgesellschaftlichen Kontext beitragen kann. So geraten anhand des reichen Quellenmaterials zu dieser Thematik erneut die neuartige Öffentlichkeit der Wissenschaft auf der einen Seite sowie – anhand der Reaktion der Wissenschaftler – die Wissenschaft der Öffentlichkeit auf der anderen Seite in den Blick und erlauben Aussagen über die gegenseitige Wahrnehmung beider gesellschaftlicher Sphären und über die sich in ihrer Kommunikation manifestierenden Wechselwirkungen zwischen ihnen.[304]

Bevor vonseiten der Kieler Fraktion irgendeine öffentliche Stellungnahme zu den Vorwürfen erschien, die Haeckel in seiner kleinen Monographie verbreitet hatte, nahm die Kontroverse eine neue Qualität an, als am 14. März 1891 ein ausführlicher Artikel zur Thematik in der Unterhaltungsbeilage der *Täglichen Rundschau*, einer Berliner Zeitung, erschien.[305] Basierend auf

---

302 ABBAW, PAW (1812–1945), II-XI-84, Akten der Preußischen Akademie der Wissenschaften (1812–1945), Humboldt-Stiftung, Brief Hensens an Du Bois-Reymond vom 17. Januar 1891.

303 Zum Forschungsstreit siehe bisher BREIDBACH, Geburtswehen; Rüdiger POREP, Methodenstreit in der Planktologie – Haeckel contra Hensen. Auseinandersetzung um die Anwendung quantitativer Methoden in der Meeresbiologie um 1900, in: Medizinhistorisches Journal 7 (1972) H. 1/2, S. 72–83; JAHN, Humboldt-Stipendien; MILLS, Oceanography, S. 26ff.; TORMA, Wissenschaft., S. 25–27.

304 Grundsätzlich hierzu NIKOLOW/SCHIRRMACHER, Verhältnis, S. 23f.

305 „Die neueren Forschungen über den Stoffwechsel des Meeres" von Carus Sterne, in: Tägliche Rundschau, Unterhaltungsbeilage vom 14. März 1891. – Hensen

Haeckels Streitschrift, dessen „schwerwiegende[m] Urtheil" sich der Autor, Carus Sterne, anschloss, da es ihm „in allen Punkten wohlbegründet" erschien, lieferte dieser Artikel einen gründlichen Verriss des Kieler Unternehmens. Haeckels grundsätzliche und erbarmungslose Kritik an der gesamten methodischen Ausrichtung, die Sterne ausführlich wiedergab, musste beim Leser den Eindruck hinterlassen, dass die bereitgestellten Mittel schlicht und ergreifend verschwendet worden waren:

> „Während Professor du Bois-Reymond mit den Theilnehmern der Fahrt von dieser Zählung [d.h. der quantitativen Untersuchung des Planktons] eine neue Epoche unserer Kunde des Meerlebens anbrechen sieht, erklärt Professor Häckel in seinen „Plankton-Studien" die Arbeit für nahezu völlig nutzlos, weil der Plan einer in solcher Weise aufzunehmenden Meeresstatistik nach jeder Richtung verfehlt sei. Man liest zwischen den Zeilen, dass er die aufgewendeten beträchtlichen Kosten für in's Wasser geworfenes Geld ansieht, und dass er die Theilnehmer wenigstens vor der geistlosen Arbeit des Zählens bewahren möchte."[306]

Diese Schlussfolgerung des Journalisten, die Expedition sei – trotz der erheblichen finanziellen Unterstützung, die ihr zuteilwurde, – in ihrer methodischen Ausrichtung nicht in ausreichendem Maße gutachterlich geprüft worden, ist bereits im Zusammenhang mit der Mittelbewilligung durch die Humboldt-Stiftung zitiert und bewertet worden.[307] Auch wurde bereits in der Einleitung erwähnt, dass Hensens Ansatz sich als derart fruchtbar erweisen sollte, dass sich hieraus ein neuer Zweig der Biologie entwickelte, der sich noch heute auf den Kieler Physiologen als seinen Gründer beruft.[308] Deswegen und weil es zum einen für eine geschichtswissenschaftliche Untersuchung der Ereignisse ohnehin nicht maßgeblich ist, wie die wissenschaftlichen Positionen der Kontrahenten aus der heutigen Fachdisziplin heraus bewertet werden, und dies zum anderen ohne eigene detaillierte Fachkenntnis der Meeresbiologie auch nicht geleistet werden kann, soll an dieser Stelle auf die wissenschaftsimmanenten Gesichtspunkte der Kontroverse nicht weiter eingegangen werden.[309]

---

gab diesen Artikel vollständig in seiner Replik an Haeckel wieder. HENSEN, Plankton-Expedition, S. 80–83.

306 „Die neueren Forschungen über den Stoffwechsel des Meeres" von Carus Sterne, in: Tägliche Rundschau, Unterhaltungsbeilage vom 14. März 1891.

307 Siehe Kap. 2.2.3.

308 MILLS, Oceanography, S. 2f. sowie Kap. I.1. dieser Arbeit.

309 Zu einer Bewertung des methodischen Aspektes siehe BREIDBACH, Geburts-wehen; Rüdiger POREP, Methodenstreit in der Planktologie. – Dass Hensens Methode sich als die erfolgreichere durchgesetzt habe, schreiben u.a. Adolf STEUER, Die Entwicklung der deutschen marinen Planktonforschung, in: Die Naturwissenschaften 24 (1936) H. 9, S. 129–131; LOHFF, Entdeckung, S. 41; DAMKAER/MROZEK-DAHL, Plankton-Expedition, S. 463. – Zu der Ansicht, dass

Doch nun zurück zum eigentlich Angriff auf die Expedition durch Sterne. Zunächst einmal ist die Tatsache, dass ein fachwissenschaftlicher Forschungsstreit in der Unterhaltungsbeilage einer Berliner Tageszeitung thematisiert wurde, an sich bemerkenswert. Ein deutlicheres Beispiel für die schon mehrfach heraufbeschworene neuartige Öffentlichkeit der Wissenschaft durch das Aufkommen der Massenmedien wird sich wohl nicht finden lassen. Interessant ist in diesem Zusammenhang aber auch der Autor des Artikels selbst: Hinter dem Pseudonym Carus Sterne verbarg sich der Wissenschaftsautor Ernst Krause (1839–1903) – ein Bekannter Haeckels. Dieser „pseudonyme Laie mit blindem Autoritätsglauben", wie Hensen ihn betitelte und woraus bereits abzulesen ist, was Hensen von Laien hielt, die über wissenschaftliche Themen schreiben, hatte als Journalist die Wissenschaftspopularisierung zu seinem Tagwerk gemacht.[310] Krause stand also außerhalb des universitären Gefüges und war entsprechend auf gute Kontakte zur Wissenschaftswelt angewiesen, was auch ein wahrscheinlicher Grund für seine Verbindung zu Haeckel ist.[311] Seine Darstellung Haeckels im Artikel zur Planktonexpedition fiel entsprechend panegyrisch aus:

> „Hierbei mag zunächst hervorgehoben werden, dass wohl kein jetzt lebender Naturforscher in höherem Grade befähigt sein kann, ein Urtheil über diese Dinge zu geben, als gerade Häckel. Denn seit seinen Studienjahren […] ist er dieser

---

Wissenschaftshistoriker Forschungskontroversen nicht vor dem Hintergrund des heutigen Wissensstandes bewerten sollten, siehe KRAGH, Introduction, S. 30. – Nur ein Aspekt, der bisher m. E. noch nicht in diesem Zusammenhang in Erwägung gezogen wurde, soll noch benannt werden: Dass nämlich Haeckels Abneigung der Hensenschen Methodik auch auf seine eigene Begabung und sein Naturverständnis zurückzuführen sein könnte. Haeckel, der Zeit seines Lebens der vergleichenden Anatomie verhaftet blieb, gab selbst in einem Brief an seine Eltern zu, er habe seine physikalisch-mathematische Ausbildung stark vernachlässigt, was er in einer späten Phase seines Studiums bemerkt habe. Zudem war Haeckel ein Ästhet, dessen prächtige Abbildungstafeln von seinem tiefen Respekt gegenüber der Schönheit der verschiedensten Meeresorganismen zeugen. Die eingehende Beschäftigung mit dem individuellen Organismus, dessen genaue Beschreibung und Klassifizierung, das war Haeckels Herangehensweise an die Meeresbiologie. Vor diesem Hintergrund erscheint es verständlich, dass dem Zoologen, der zeitweilig in Erwägung zog, seine wissenschaftliche Karriere aufzugeben und stattdessen Künstler zu werden, Hensens nüchterne statistisch-reduktionistische Methode vollkommen fern gelegen haben muss. Vgl. zu Haeckels Begabung und Naturauffassung KRAUSSE, Ernst Haeckel, S. 33f., 39, 100.

310 Zitat nach HENSEN, Plankton-Expedition, S. 63. – Zu Krause siehe DAUM, Wissenschaftspopularisierung, S. 385, 452, 449.

311 DAUM, Wissenschaftspopularisierung, S. 451f. – Solche Verbindungen zwischen hauptberuflichen Popularisieren und Wissenschaftlern waren nicht unüblich. Vgl. VINCENT, Name, S. 330.

Art der Meeresforschung beständig treu geblieben, hat er mehr als irgend ein anderer Privatmann aus eigenen Mitteln für solche Forschungen ausgegeben."[312]

All dies deutet darauf hin, dass Haeckel seinen Kontakt zu dem Wissenschaftsautoren Krause nutzte, um seiner Streitschrift zusätzliche Resonanz zu verschaffen. Dieser Versuch verhallte keinesfalls ungehört. Nur wenige Tage später veröffentlichten verschiedene Zeitungen Hensens Replik – was wiederum auf das große Interesse hinweist, das die Öffentlichkeit der Angelegenheit entgegenbrachte –, unter anderem die *Kieler Zeitung* (18. März 1891), der *Deutsche Reichsanzeiger* (18. März 1891) und die *Nationalzeitung* (19. März 1891). In diesem Beitrag schilderte der Kieler Professor seine Verwunderung angesichts der negativen Wendung, welche die Berichterstattung in Bezug auf seine Expedition genommen habe:

> „Während ich immer mehr von der Sorgfalt, mit welcher meine Begleiter die Fänge behandeln […], mich überzeuge und mit wachsendem Interesse die neuen Nachrichten verfolge, welche die Untersuchungen an jedem Tage zeitigen, sehe ich mit Erstaunen, daß die Tagespresse die Planktonfahrt als ein völlig mißglücktes Unternehmen darzustellen beginnt. Die Expedition ist von der deutschen Presse mit einer so liebenswürdigen und erfreulichen Antheilnahme begleitet worden, daß ich mich selbstverständlich für verpflichtet halte, das sich geltend machende Mißverständniß, so viel an mir liegt, sofort zu berichten."[313]

Hensen führte in seiner Stellungnahme weiter aus, dass die Auswertung der Ergebnisse noch längere Zeit in Anspruch nehmen werde und dass es keinen Grund gebe, die Resultate der Fahrt schon zu kritisieren, bevor diese in wissenschaftlich korrekter Form vorlägen. Nichtsdestotrotz sei bereits abzusehen, dass die Expedition sich sogar als erfolgreicher erweisen würde als man im Voraus zu hoffen gewagt hatte. Zuletzt verweist Hensen noch auf die gedruckten Entgegnungen zu Haeckels Vorwürfen von ihm selbst sowie Karl Brandt, die in Kürze erscheinen würden.[314]

Bemerkenswert ist in Bezug auf den in diesem Kapitel gewählten Fokus auf das Verhältnis von Wissenschaft und Öffentlichkeit zum einen die Schnelligkeit, mit der hier reagiert wurde, sowie zum anderen die Verbreitung, die Hensens Verteidigung fand. Entsprechend wählte er als Vermittlungsmedium einen Zeitungsartikel. Sicherlich war die Aufmerksamkeitsspanne der ‚breiten Masse' bezüglich eines Themas schon damals nicht wesentlich länger als heute, sodass eine unmittelbare und möglichst weitreichende Erwiderung dem

---

312 „Die neueren Forschungen über den Stoffwechsel des Meeres" von Carus Sterne, in: Tägliche Rundschau, Unterhaltungsbeilage vom 14. März 1891.

313 „Rubrik: Kunst und Wissenschaft", in: Deutscher Reichsanzeiger vom 19. März 1891, enthalten in GStA PK I. HA Rep. 76 Kultusministerium Vc Sekt. 1 XI Teil V C Nr. 12 Bd. 2 Organisation und Durchführung der Plantonexpedition.

314 Ebd.

Kieler notwendig schien. Erschwerend kam hier definitiv noch hinzu, dass es ohnehin bereits Probleme gab, die nötigen Mittel für die Publikation der Forschungsergebnisse vom preußischen Finanzministerium zu erwirken.[315] Tatsächlich kann Haeckels Streitschrift und seine Versendung des Werks an das Kultusministerium auch als Versuch des Zoologen gedeutet werden, der Publikation der Forschungsergebnisse – oder zumindest deren Förderung durch Staatsstellen – insgesamt einen Riegel vorzuschieben: Schon kurz nach Bekanntwerden von Haeckels Angriff hatte Hensen einem Vertreter des Kultusministeriums diesbezüglich geschrieben: „Es erscheint wirklich kaum denkbar, daß es gelingen sollte, die Veröffentlichung der deutschen Expedition zu verhindern, aber, quien sabe?"[316] Vor diesem Hintergrund ist es umso verständlicher, dass die Kieler Expeditionsteilnehmer, die Akademie der Wissenschaften und auch das Kultusministerium größtes Interesse daran hatten, jeglichen Zweifel am Erfolg der Planktonfahrt auszuräumen – zumal Haeckel und Krause mit ihren Anschuldigungen auch die Kompetenz der letzteren beiden Instanzen in Frage gestellt hatten.[317]

---

315 Der neue Finanzminister, Miquel, reagierte regelrecht ungehalten, als Goßler zu diesem Zweck 50.000 Mark beantragte. Man sei davon ausgegangen, dass die bereits bewilligten 70.000 Mark alle notwendigen Kosten der Expedition decken würden. Nun befände er sich in einer Zwickmühle, „da es den Anschein gewinnt, als würden die früher bewilligten 70 000 M nutzlos verwendet sein, wenn nicht der weitere Zuschuss von 50 000 M bewilligt würde." Selbst wenn er diese gestattete, fährt der Finanzminister fort, würde ihn dies nicht vor weiteren Forderungen schützen, da er die Erfahrung gemacht habe, „daß bei staatsseitiger Unterstützung größerer wissenschaftlicher Werke der ursprünglich veranschlagte Kostenbetrag und die für die Vollendung in Aussicht genommene Zeit oft bei weitem nicht ausreichen, die Gelehrten, denen die Bearbeitung des Werkes anvertraut ist, sich wohl gar als unzuverlässig und unzulänglich erweisen." GStA PK, I. HA Rep. 76 Kultusministerium, Vc Sekt. 1 XI Teil V C Nr. 12 Bd. 2, Organisation und Durchführung der Planktonexpedition, Brief Miquels an Goßler vom 10. März 1891. Am Ende gab Miquel jedoch nach und die beantragten 50.000 Mark wurden wiederum aus dem Allerhöchsten Dispositionsfonds bereitgestellt. Ebd., Allerhöchste Order des Kaisers vom 19. Mai 1891. Dies geschah unter der Auflage, dass die Akademie der Wissenschaften sich ebenfalls an den Kosten beteilige, was sie mit 16.650 Mark auch tat. ABBAW, PAW (1812–1945), II-XI-84, Akten der Preußischen Akademie der Wissenschaften (1812–1945), Humboldt-Stiftung, Bericht des Vorsitzenden des Curatoriums Du Bois-Reymond vom 5. Februar 1891.
316 GStA PK I. HA Rep. 76 Kultusministerium Vc Sekt. 1 XI Teil V C Nr. 12 Bd. 2 Organisation und Durchführung der Plantonexpedition, Abschrift eines Briefes von Hensen an das Kultusministerium vom 21. Januar 1891.
317 Hensen war schon kurz nach seiner Rückkehr sowohl von der Regierungsseite als auch von der Akademie dazu aufgefordert worden, Vorträge bzw. Zeitungsartikel zu den ersten Ergebnissen zu liefern, die auch dem Kaiser vorgelegt werden

Folglich wurde eine rege Öffentlichkeitsarbeit betrieben. Neben der oben zitierten Replik für die verschiedenen deutschen Zeitungen verfassten sowohl Hensen als auch sein Kollege Brandt Druckschriften, die die Expedition vor allem auch in wissenschaftlichen Kreisen rehabilitieren sollten. Dabei beschränkte sich ihre Argumentationsstrategie nicht auf eine rein wissenschaftliche Widerlegung der Vorwürfe – die vielleicht auch in der damaligen Phase der Auswertungsarbeiten noch nicht vollständig möglich war –, sondern griffen auch Haeckels Glaubwürdigkeit als Wissenschaftler an; so stellte Brandt den Jenaer Zoologen als einen Polemiker hin, der bei seinen Recherchen grob unwissenschaftlich vorgehe:

> „Es ist eben für Haeckel's Kampfesweise charakteristisch, dass er in erster Linie bestrebt ist, den Gegner lächerlich zu machen oder ihn als recht dumm hinzustellen. Um dieses Ziel zu erreichen, sind ihm alle Mittel recht. Eine möglichst flüchtige Lektüre und Verdrehen dieses oder jenes Satzes führt zuweilen schon zu einem solchen Ergebniss, wenn nicht, so wird etwas untergeschoben."[318]

Hensen vermochte es geschickt, seine Kritik an Haeckels wissenschaftlicher Arbeitsweise, die er angesichts der Produktivität des Jenaer Ordinarius offensichtlich für unsauber hielt, in ein Kompliment zu kleiden:

> „Ich kehre zu dem Wissenschaftsmann Häckel zurück. Nicht gerne komme ich mit ihm in eine Polemik. Er ist persönlich so frisch, liebenswürdig, das Herz erfreuend, als Schriftsteller sehr gewandt, hochbegabt und von einer Fruchtbarkeit, die um ein vielfaches über die Kraft eines solide arbeitenden Gelehrten hinausgeht."[319]

Seine Kritik an Haeckel wurde anschließend jedoch noch direkter:

> „Es sind Häckel so erhebliche und muthwillige Vergehen gegen die Wissenschaft in unwiderlegbarer Weise nachgewiesen worden, dass zwar eine Nachsicht im persönlichen Verkehr möglich ist, aber bei wissenschaftliche Discussion die Sachlage in der That recht schwierig wird."[320]

---

sollten. Althoff schrieb Hensen, nachdem dieser wohl eher wenig Begeisterung angesichts dieser Aufgabe gezeigt hatte: „Trösten Sie sich damit, daß ein General, der eine Schlacht gewonnen hat, auch viel zu thun hat und doch berichten muß." GStA PK, I. HA Rep. 76 Kultusministerium, Vc Sekt. 1 XI Teil V C Nr. 12 Bd. 1, Organisation und Durchführung der Planktonexpedition, Brief Hensens an Althoff vom 7. November 1889.

318 Karl BRANDT, Haeckels Ansichten über die Plankton-Expedition, in: Schriften des Naturwissenschaftlichen Vereins für Schleswig-Holstein VIII (1891) H. 2, S.1–15, hier S.1. – Brandt sandte eine Kopie dieser Arbeit an das Kultusministerium.

319 HENSEN, Plankton-Expedition, S. 10.

320 Ebd., S. 10f.

An dieser Stelle muss Haeckel als Person und Wissenschaftler zumindest kurz in den Blick genommen werden, um diese heftigen Angriffe angemessen einordnen zu können. Denn der Jenaer Zoologe, der als einer der ersten vehement die darwinsche Evolutionstheorie vertrat und diese in zahlreichen allgemeinverständlichen Schriften popularisierte, war eine Persönlichkeit, die stark polarisierte und für seine zahlreichen Polemiken bekannt war und ist.[321] Die Literatur zu Haeckel ist entsprechend von äußerst gemischter Qualität, denn nicht allen Biographen gelingt es, sich von ihrem Studienobjekt weit genug zu distanzieren, um eine zumindest ansatzweise objektive Darstellung zu liefern.[322] Um die recht unglaubliche Anzahl von Kontroversen zu verdeutlichen, in die Haeckel während seiner Karriere mit anderen Wissenschaftlern geraten ist, sollen diese kurz ohne weiteren Kommentar aufgelistet werden: Zu nennen sind der Geologe Otto Volger (1822–1897), die Zoologen Otto Hamann (1857–1925), Arnold Braß (1854–1915), Louis Agassiz (1807–1873) und Carl Semper (1832–1893), die beiden Schweizer Anatomen Wilhelm His (1831–1904) und Ludwig Rütimeyer (1825–1895), der Ethnologe Adolf Bastian (1826–1905), der Philosoph Friedrich Michelis (1815–1886), der Theologe Johannes Huber (1830–1879), der Kieler Botaniker Johannes Reinke (1849–1931) sowie die bereits bekannten Akteure Rudolf Virchow und Emil Du Bois-Reymond, die Haeckel als das „Berliner Tribunal der Wissenschaft" bezeichnete.[323] Somit muss Haeckels Angriff gegen

---

321 Zu Haeckels Bekenntnis zu Darwin siehe KRAUSSE, Ernst Haeckel, S. 44–57; zu Haeckels populärwissenschaftlichen Schriften siehe JAHN, Ernst Haeckel, S. 84–86 sowie Wilhelm BÖLSCHE, Eine nichtgehaltene Grabrede. Ein letztes Wort zu Ernst Haeckel, in: Der gerechtfertigte Haeckel. Einblicke in seine Schriften aus Anlaß des Erscheinens seines Hauptwerkes „Generelle Morphologie der Organismen" vor 100 Jahren, hrsg. von Gerhard HEBERER, Stuttgart 1968, S. 23–42, hier S. 42.

322 Für Beispiele äußerst tendenziöser Biographien, die vor allem anstreben, Haeckel zu würdigen und gegen jegliche Vorwürfe zu verteidigen, siehe Gerhard HEBERER (Hrsg.), Der gerechtfertigte Haeckel. Einblicke in seine Schriften aus Anlaß des Erscheinens seines Hauptwerkes „Generelle Morphologie der Organismen" vor 100 Jahren, Stuttgart 1968; sowie Klaus KEITEL-HOLZ, Ernst Haeckel. Forscher, Künstler, Mensch. Eine Biographie, Frankfurt am Main 1984. – Eine ausgewogenere Darstellung liefert KRAUSSE, Ernst Haeckel.

323 Zitiert nach DAUM, Wissenschaftspopularisierung, S. 449. – Zu den aufgezählten Gegnern Haeckels siehe KRAUSSE, Ernst Haeckel, S. 49, 79, 81, 91f., 95, 114f.; DAUM, Wissenschaftspopularisierung, S. 65, 68f., 233, 449; JAHN, Ernst Haeckel, S. 86f., 104. – Mit seinem früheren Schüler Otto Hamann befand sich Haeckel zur Zeit der Polemik gegen Hensen gar in einem Gerichtsverfahren wegen beleidigender Äußerungen. Scheinbar hat Hensen sich in dieses Verfahren daraufhin eingemischt, denn Haeckel schreibt an Möbius: „Unser College V. Hensen tritt in dem erwähnten Processe als Secundant von Hamann auf und giebt

die Planktonexpedition auch vor dem Hintergrund gesehen werden, dass er allgemein dazu neigte, über wissenschaftliche Fragen in Streitigkeiten mit anderen Forschern zu geraten.

Der angesprochene Konflikt zwischen Haeckel und Du Bois-Reymond ist im Zusammenhang mit der Planktonexpedition durchaus relevant, denn darin mag eine sehr persönliche Aversion Haeckels gegen das Kieler Unternehmen begründet liegen: Haeckel und Du Bois-Reymond waren schon in den frühen 1870er Jahren über grundsätzliche Fragen naturwissenschaftlicher Erkenntnismöglichkeiten in eine jahrelange Kontroverse geraten.[324] 1881 stellte Haeckel für eine Forschungsreise nach Ceylon zwecks seiner Planktonstudien einen Stipendienantrag bei der Preußischen Akademie der Wissenschaften, in der Du Bois-Reymond schon damals eine einflussreiche Persönlichkeit war. Unter seinem Vorsitz wurde Haeckels Antrag auf 12.000 Mark Unterstützung abgelehnt; stattdessen unterstütze die Akademie auf Du Bois-Reymonds Betreiben hin elektrophysiologische Studien – das persönliche Spezialgebiet des Sekretars.[325] Man kann sich also denken, dass Haeckel sich persönlich benachteiligt fühlte, als Hensen nur wenige Jahre später mithilfe Du Bois-Reymonds von der Humboldt-Stiftung eine mehr als doppelt so große Summe für seine Planktonfahrt erhielt als Haeckel selbst damals verlangt hatte. So schrieb denn auch der Zoologe Ernst Ehlers (1835–1925), nachdem er Haeckels *Plankton-Studien* gelesen hatte, an Hensen bezüglich dieser Schrift:

> „Das ist augenscheinlich ein ab irato geschriebenes Pamphlet und dessen Spitze soll auch wohl gar nicht gegen Sie und Ihre Studien, sondern gegen Berlin, insbesondere gegen du Bois gerichtet sein. H. grollt offenbar, dass ihm eine Unterstützung nicht zu Theil geworden sei, wie Ihnen."[326]

Somit ist der Streit zwischen Haeckel und Hensen ein anschauliches Beispiel dafür, wie Forschungskontroversen – und das ist wohl eine wissenschafts-

---

ihm an, wie er mich am sichersten moralisch und wissenschaftlich ‚vernichten‘ könne! Ich wundere mich über Nichts mehr!" Zitiert nach Jahn, Ernst Haeckel, S. 87. – Man kann das Kapitel „Häckels Wahrheitsliebe in Sachen der Plankton-Expedition" in einer Schrift Hamanns wohl als Gegenleistung für Hensens Unterstützung vor Gericht werten. Dieses ist enthalten in Otto Hamann, Professor Ernst Haeckel in Jena und seine Kampfweise. Eine Erwiderung, Göttingen 1893.

324 Ausführlich hierzu Daum, Wissenschaftspopularisierung, S. 68ff.
325 Zu Haeckels Stipendienantrag bei der Akademie und dem Zusammenhang mit der Kontroverse um die Planktonexpedition siehe Jahn, Humboldt-Stipendien. – Zu Du Bois-Reymonds fachlicher Ausrichtung siehe Breidbach, Geburtswehen, S. 113 sowie Daum, Wissenschaftspopularisierung, S. 443.
326 Hensen zitiert Ehlers Schreiben in einem Brief an Du Bois-Reymond, in: ABBAW, PAW (1812–1945), II-XI-84, Akten der Preußischen Akademie der Wissenschaften (1812–1945), Humboldt-Stiftung, Brief Hensens an Du Bois-Reymond vom 26. Dezember 1890.

geschichtliche Konstante – jenseits aller Wissenschaftlichkeit auch eine persönliche Komponente beinhalten mögen.[327]

Am Ende musste Haeckel jedoch zugeben, dass er sich – zumindest in mancherlei Hinsicht – geirrt hatte, was seine Kritik an Hensens Methodik betraf.[328] Es war nicht das erste Mal, dass der Jenaer Zoologe öffentlich Fehler eingestehen musste. Besonders bekannt wurden die Fälschungsvorwürfe, die die Anatomen Rütimeyer und His sowie später erneut der Zoologe Braß gegen Haeckels Darstellungen von Tierembryonen vorbrachten.[329] Da Haeckel tatsächlich für drei angeblich von verschiedenen Tieren stammende Embryonenabbildungen dieselbe Druckplatte verwendet hatte, musste er zugeben, „im Gebrauche schematischer Figuren dann und wann zu weit gegangen" zu sein.[330] In der Reaktion der Zeitungen auf Haeckels Bloßstellung zeigte sich die Kehrseite der öffentlichen Aufmerksamkeit: Das *Westfälisches Volksblatt* bezeichnete den Zoologen als „den unsterblich blamierten Taschenspieler mit Embryonenbildern" während die *Ingolstädter Zeitung* über ihn urteilte: „Professor Haeckel, der als Fälscher schon so und so oft gebrandmarkt worden ist, wird von keinem großen Gelehrten mehr ernst genommen!"[331] Öffentliche Anerkennung und Bewunderung konnten sich damals wie heute schnell in

---

327 Gleichzeitig können derartige Kontroversen, wie MILLS aufzeigt, durchaus belebend auf die Forschungstätigkeit der Beteiligten wirken: Haeckels Studium der Arbeiten der Kieler Planktonforscher und seine Verlautbarungen über Schwachpunkte in Methodik und Argumentation lösten bei den Mitgliedern der ‚Kieler Schule', neben den oben geschilderten unmittelbaren Erwiderungen, eine noch dezidiertere Ausarbeitung ihrer Methodik aus. Franz Schütt veröffentlichte 1892 seine „Analytische[n] Plankton-Studien", die als Gebrauchsanleitung von Hensens Methodik betrachtet werden können, aber darüber hinaus auch eine anspruchsvolle mathematische Beurteilung der in den Proben inhärenten Fehlermarge lieferten. Franz SCHÜTT, Analytische Plankton-Studien. Ziele, Methoden und Anfangs-Resultate der quantitativ-analytischen Planktonforschung, Kiel u. a. 1892. – MILLS bewertet gar Hensens gesamte Publikationstätigkeit nach Haeckels *Plankton-Studien* als eine Antwort auf die Kritik des Jenaer Zoologen; noch in dem krönenden Abschlusswerk seiner meereswissenschaftlichen Forschungstätigkeit, dem 1911 erschienenen *Das Leben im Ozean nach Zählungen seiner Bewohner*, habe sich der Kieler Physiologe vor allem darum bemüht, die von Haeckel aufgezeigten Probleme in seiner Methode aufzulösen. Victor HENSEN, Das Leben im Ozean nach Zählungen seiner Bewohner. Übersicht und Resultate der quantitativen Untersuchungen, Kiel u. a. 1911 (Ergebnisse der in dem Atlantischen Ozean von Mitte Juli bis Anfang November 1889 ausgeführten Plankton-Expedition der Humboldt-Stiftung Bd. V). Vgl. hierzu Mills, Oceanography, S. 31.
328 Vgl. HENSEN, Plankton-Expedition, S. 83.
329 Vgl. hierzu ausführlich DAUM, Wissenschaftspopularisierung, S. 233–235.
330 Zitiert nach KRAUSSE, Ernst Haeckel, S. 91.
331 Zitiert nach KEITEL-HOLZ, Ernst Haeckel, S. 101.

ihr Gegenteil verkehren und sich in der Folge – wie Hensens und Brandts recht polemische Reaktionen auf Haeckels Angriff zeigen – auch auf das wissenschaftliche Renommee des Betreffenden dezidiert negativ auswirken.[332] Insofern dürfen die von einem Wissenschaftler betriebene öffentliche Wissenschaft und seine wissenschaftsinterne Forschungspraxis nicht als unabhängige Sphären angesehen werden, was auch eine mögliche Erklärung dafür ist, warum nicht jeder Gelehrte bereit war, sich auf diese Bühne zu begeben.

Hensens Verhältnis zur *public science* war beispielsweise durchaus ambivalent. Einerseits nutze er die Öffentlichkeit wie in Kapitel II.2 geschildert, um für seine Forschungen zu werben, und, wie im Vorangegangenen beschrieben, um seine Expedition gegenüber Haeckels Angriff zu verteidigen. Doch im Grunde hielt er wohl nichts davon, dass Laien an der wissenschaftlichen Welt wirklichen Anteil nehmen sollten, wie seine folgenden Aussagen verdeutlichen:

„In der Natur liegen die Dinge selten so einfach und mühelos verständlich, wie man das nach manchen populären Schriften glauben könnte. Die Schwierigkeiten für das Verständnis mehren sich, wenn es sich, wie in dem vorliegenden Fall um Forschungen handelt, welche dem gewöhnlichen Gedankenkreis sehr entrückt sind. Daher liegt mir die Absicht durchaus fern, die für wissenschaftliche Dinge sich interessirenden Laien zu einem Urtheil über wissenschaftliche Streitpunkte zu veranlassen."[333]

„Unser grosses Publikum ist heute so kritiklos, dass mit ihm Alles gelingen kann; was soll man dabei machen? Wirklich nur mit Zagen klammere ich mich an den Glauben fest, dass schliesslich doch die Wahrheit durchgreift."[334]

Am Ende bleibt hier festzuhalten, dass das neuartige Verhältnis von Wissenschaft und Öffentlichkeit in beide Sphären hineinwirkte und als Austauschverhältnis bezeichnet werden kann: Für die breite Bevölkerung wurde Wissenschaft ein Teil ihres Alltags – ob sie sich davon nun unterhalten oder bilden lassen wollten, ob sie einen persönlichen Nutzen darin sahen oder auch aus Erfolgen der Forscher Stolz auf die eigene Nation bezogen. Für die Wissenschaftler war der öffentliche Kommunikationsraum eine Bühne, auf der sie ihre Arbeit präsentierten, um daraus Anerkennung, Legitimation oder Förderung zu beziehen; gleichzeitig mag ihnen daran gelegen gewesen sein, zur

332 Vgl. zu diesem Komplex auch Stefanie SAMIDA, Vom Heros zum Lügner? Wissenschaftliche „Medienstars" im 19. Jahrhundert, in: Inszenierte Wissenschaft. Zur Popularisierung von Wissen im 19. Jahrhundert, hrsg. von DERS., Bielefeld 2011 (Histoire Bd. 21), S. 245–272.

333 HENSEN, Plankton-Expedition, S. 63.

334 ABBAW, PAW (1812–1945), II-XI-84, Akten der Preußischen Akademie der Wissenschaften (1812–1945), Humboldt-Stiftung, Brief Hensens an Du Bois-Reymond vom 17. Januar 1891.

Bildung der Bevölkerung beizutragen. Nicht immer traten die Wissenschaftler freiwillig vor das große Publikum und nicht immer waren sie zwangsläufig davon überzeugt, dass die breite Masse an ihrer Arbeit überhaupt Anteil zu nehmen hatte. Ihre Öffentlichkeitsarbeit konnte sich dabei wie beschrieben auf ihre Forschungen und ihr Renommee zurückwirken.

II.3.2 Kiel als Zentrum meereswissenschaftlicher Innovation – Aufstieg und Niedergang der ‚Kieler Schule‘

Zuletzt soll ein kurzer Ausblick die Frage beleuchten, welche Rückwirkungen die Planktonexpedition auf den Standort Kiel und die Karrieren der beteiligten Wissenschaftler hatte. Nach der Heimkehr der Forschungsfahrer wurden die Proben im Zoologischen Institut der Kieler Universität ausgewertet, welches seit Möbius' Weggang nach Berlin im Jahr 1888 unter der Leitung von Karl Brandt stand.[335] Dabei wurden nicht nur die Mitarbeiter dieses Instituts an der Untersuchung und Auszählung der Proben beteiligt, sondern auch weitere Kräfte aus Hensens Physiologischem Institut sowie seit 1893 die Assistenten der Kieler Kommission, Carl Apstein (1862–1950), Hans Lohmann (1863–1934) und Johannes Reibisch (1868–1948).[336]

Die Auswertung der Fänge und Proben beschäftigte insgesamt 36 Wissenschaftler und zog sich über viele Jahre hin; erst 1911 konnte die Verlagsbuchhandlung Lipsius & Tischer, die den Druck des Expeditionsberichtes übernommen hatte, für den von Hensen stammenden letzten Band der *Ergebnisse der Plankton-Expedition der Humboldt-Stiftung* werben, auf den „die wissenschaftliche Welt seit mehr als 20 Jahren mit Spannung gewartet" habe und der „als Grundlage für die Arbeiten kommender Gelehrten-Generationen noch nach vielen Menschenaltern anerkannt werden" dürfte.[337] Mit dieser Veröffentlichung legte Hensen gleichzeitig seine Lehrtätigkeit an der CAU

---

335 Vgl. DAMKAER/MROZEK-DAHL, The Plankton-Expedition, S. 466–469.
336 Aus den Abrechnungsbelegen zur Planktonexpedition, die Hensen zunächst der Universitätsbibliothek der CAU übergab, lassen sich die beteiligten Hilfswissenschaftler rekonstruieren: Genannt werden Dr. Carl Apstein, Kieback, R. Gastreich, Dr. E. Vanhöffen, Dr. Hans Lohmann, Johannes Reibisch sowie cand. med. Peter Thies Clemenz, cand. med. Steinhagen und cand. med. Sluyter. LASH, Abt. 47.10, Universitätsbibliothek, Nr. 7–9, Abrechnung der Planktonexpedition II, III und IV.
337 GStA PK, I. HA Rep. 76 Kultusministerium, Vc Sekt. 1 XI Teil V C Nr. 12 Bd. 3, Organisation und Durchführung der Planktonexpedition, Anschreiben Lipsius & Tischers an Bibliotheken vom August 1911. – Obwohl dies offiziell der letzte Band des Expeditionsberichtes war, erschienen noch 1926 Ergebnisse, die auf den Untersuchungen der Expedition beruhten. DAMKAER/MROZEK-DAHL, The Plankton-Expedition, S. 466f.

nieder, die er über ein halbes Jahrhundert zuvor im Jahr 1859 als Prosektor begonnen hatte.[338]

Doch auch schon zuvor sollten die Planktonexpedition und die an ihr beteiligten Wissenschaftler eine überaus belebende Wirkung auf den Kieler Standort als frühes Zentrum meereswissenschaftlicher Innovation ausüben: Dem internationalen Ruf des Forschungskollektivs um Hensen sowie dem Einsatz seiner Kollegen Brandt und Krümmel war es zu verdanken, dass die Deutsche Wissenschaftliche Kommission für Internationale Meeresforschung (DWKIM), die als Schaltstelle zum ICES fungieren sollte, noch in ihrem Gründungsjahr 1902 in Kiel ein meereswissenschaftliches Labor einrichtete, zu dessen Ausstattung auch ein eigenes Forschungsschiff gehörte.[339] Das unter der Leitung von Brandt und Krümmel stehende Labor war eng mit der Universität wie auch der Kieler Kommission verbunden.[340] Insgesamt war der Standort Kiel um die Jahrhundertwende in meereswissenschaftlicher Hinsicht also ungewöhnlich gut ausgestattet – und das obwohl Kiel im Rennen um die Einrichtung eines Instituts und Museums für Meereswissenschaften, wie ausführlich in Kapitel II.2.5 dargelegt, 1899 gegen die binnenländische Reichshauptstadt verloren hatte.

Diese institutionellen Rahmenbedingungen schufen in Verbindung mit dem durch die Planktonexpedition verbundenen Personal die ‚Kieler Schule der Planktologie‘, die mehr noch als von Hensen selbst von seinem Kollegen Brandt angeführt wurde und internationales Ansehen erlangte.[341] Als die wohl wichtigsten Schüler dieser Forschungsrichtung gelten Franz Schütt, der selbst an der Planktonexpedition teilgenommen hatte, Carl Apstein und Hans Lohmann.[342] Doch wirkte die Blütezeit dieser Keimzelle meereswissen-

---

338 Vgl. Hensens Eintrag im Kieler Gelehrtenverzeichnis, abrufbar unter der URL http://www.gelehrtenverzeich nis.de/person/d72286d3-b936-2ff8-4684-4d8725d8f958 [letzter Zugriff am 27. Juli 2015].

339 KORTUM, Victor Hensen, S. 11.

340 Wolfgang KRAUSS, The Institute of Marine Research in Kiel, in: Ocean Sciences. Their History and Relation to Man. Proceedings of the 4th International Congress on the History of Oceanography, Hamburg 23.-29.9.1987, hrsg. von Walter LENZ und Margaret DEACON, Hamburg 1990 (Deutsche Hydrographische Zeitschrift, Ergänzungsheft Reihe B Bd. 22), S. 131–140, hier S. 131.

341 Hensen selbst scheint sich abgesehen von den Publikationen zur Expedition und seiner Methodik nicht mehr maßgeblich in die ‚Kieler Schule‘ eingebracht zu haben; so bot er beispielsweise – im Gegensatz zu den anderen Expeditionsteilnehmern – auch nie meereswissenschaftliche Lehrveranstaltungen an der CAU an. Vgl. KORTUM, Victor Hensen, S. 9.

342 Ausführlich hierzu das Kapitel „The End of an Era: The Demise of the Kiel School", in MILLS, Oceanography, S. 172–188.

schaftlicher Innovation nur wenige Jahre, bis etwa 1912.[343] Am Ende sollten die universitären Rahmenbedingungen, die der Kieler Standort bot und die damals symptomatisch für die deutsche Universitätslandschaft waren, ihren Niedergang bewirken: Die verhältnismäßige Zahl der Ordinariate hatte mit den explodierenden Studierendenzahlen nicht Schritt halten können und führte in der Folge zu einer drastischen Verschiebung im Verhältnis von Ordinarien und Nichtordinarien. An der Kieler Universität beispielsweise waren in der ersten Hälfte des 19. Jahrhunderts noch in dreien der damals existierenden vier Fakultäten deutlich mehr Ordinarien als Nicht-Ordinarien beschäftigt: 1815 lag das Verhältnis in der Theologischen Fakultät bei 5:1, in der Juristischen Fakultät bei 4:2, in der Medizinischen Fakultät bei 5:2 und in der Philosophischen Fakultät bei 5:8.[344] Gegen Ende des Jahrhunderts nahm der Anteil der Nicht-Ordinarien an allen Fakultäten der Christiana Albertina deutlich zu; unter den Theologen lag das Verhältnis 1905 bei 6:5, unter den Juristen bei 6:6.[345] Es waren jedoch insbesondere die Medizinische und die Philosophische Fakultät, deren Personal während des 19. Jahrhunderts um ein Vielfaches anwuchs, die in diesem Zusammenhang hervorstachen: Dort lag der Ratio 1905 bei 9:29 unter den Medizinern und bei 28:31 unter den Philosophen. Offensichtlich wurde das starke Wachstum dieser beiden letztgenannten Fakultäten also vor allem auch durch die vermehrte Beschäftigung von Nicht-Ordinarien generiert.[346] Die simple aber für die Leidtragenden schwerwiegende Folge war, dass nun immer mehr Nachwuchswissenschaftler um die wenigen ordentlichen Professuren konkurrieren mussten.

Mit dieser Situation sahen sich auch die aufstrebenden Planktonforscher der Kieler Universität konfrontiert; die Ordinariate, die für sie in Frage

---

343 Ebd., S.173.

344 Diese und die folgenden Zahlen basieren auf einer Auszählung der Personal- und Vorlesungsverzeichnisse der CAU aus den entsprechenden Sommersemstern, hier: INDEX SCHOLARUM in academia regia Christiana-Albertina per instans semestre aestivum a die inde XVII. aprilis a. MDCCCXV, Kiel 1815. Alle Verzeichnisse der Jahre 1665–2000 sind online abrufbar unter: http://www.uni-kiel.de/journals/receive/jportal_jpjournal_00000001?XSL.toc.pos.SESSION=1&XSL.view.objectmetadata.SESSION=true [letzter Zugriff am 23. Februar 2017].

345 Zu diesen und den folgenden Zahlen siehe VERZEICHNIS DER VORLESUNGEN an der Königl. Christian-Albrechts-Universität zu Kiel im Sommerhalbjahr 1905, Kiel 1905.

346 Natürlich wuchs insbesondere an der Philosophischen Fakultät auch die Zahl der Ordinariate um ein Vielfaches an. Sie vereinte damals noch so diverse Fächergruppen wie Philosophie, Pädagogik, Mathematik, Naturwissenschaften – darunter Astronomie, Physik, Chemie, Mineralogie und Geologie, Botanik, Zoologie und Geographie – Staats- und Kameralwissenschaften, Philologie, Geschichte, Kunstgeschichte, Schöne Künste und Leibesübungen. Ebd.

gekommen wären, waren langfristig besetzt: Karl Brandt hatte den ordentlichen Lehrstuhl für Zoologe von 1888 bis 1922 inne;[347] Johannes Reinke besetzte den Lehrstuhl für Botanik von 1885 bis 1921.[348] Schütt, Lohmann und Apstein, die kreativen Köpfe hinter der ‚Kieler Schule‘, sahen sich angesichts dieser Lage gezwungen, die Stadt an der Förde zu verlassen, um nicht auf einer Karrierestufe verharren müssen. So nahm Schütt 1895 den Ruf auf ein Ordinariat in Greifswald an, wurde dort Direktor des botanischen Gartens und Museums, 1900 Dekan der Philosophischen Fakultät und 1904 Rektor der Universität.[349] Lohmann, der 1904 in Kiel eine Titularprofessor erhalten hatte, ging 1913 nach Hamburg, wo er zunächst als Abteilungsleiter der Hydrobiologischen Abteilung des dortigen Zoologischen Museums und seit 1914 als Direktor desselben Museums und Professor am Kolonialinstitut tätig war. Mit seiner Bestallung zum ordentlichen Professor für Zoologie an der neugegründeten Universität Hamburg konnte Lohmann 1919 seine Karriere krönen.[350] Apstein schließlich verließ den universitären Betrieb und arbeitete von 1911 bis 1927 als wissenschaftlicher Beamter für die Berliner Akademie der Wissenschaften.[351] Auch der zweite Zoologe an Bord der ‚National‘, der äußerst talentierte und produktive Friedrich Dahl, der mehr als 200 wissenschaftliche Publikationen zu diversen Themengebieten verfasste und als Mitbegründer der experimentellen Ökologie und Vorreiter der Tiergeographie gilt, verließ die Christiana Albertina schließlich angesichts der beschriebenen mangelhaften Karriereaussichten.[352] 1896/1897 verbrachte er, unterstützt vom

---

347 REIBISCH, Brandt, S. 158; KREY, Brandt, S. 532. – Brandts Nachfolger wurde sein ehemaliger Assistent Johannes Reibisch, der 1931 zudem den Vorsitz der Kieler Kommission übernahm. VOLBEHR/WEYL, S. 162f.

348 Zu Reinke siehe Volker WISSEMANN, Johannes Reinke. Leben und Werk eines lutherischen Botanikers, Göttingen/Bristol 2012 (Religion, Theologie und Naturwissenschaft/Religion, Theology, and Natural Science Bd. 26).

349 Zu Schütt siehe, in Ermangelung ausführlicherer biographischer Darstellungen, VOLBEHR/WEYL, S. 212.

350 Vgl. VOLBEHR/WEYL, S. 213;

351 Ebd., S. 214.

352 Als bedeutendster Schüler von Möbius übertrug Dahl dessen ökologische Theorien erstmals auf terrestrische Lebewesen. Außerdem prägte er den Begriff ‚Biotop‘. Vgl. hierzu Günther LEPS, Karl August Möbius (1825–1908) und Friedrich Dahl (1856–1919), in: Darwin und Co. Eine Geschichte der Biologie in Portraits Bd. 2, hrsg. von Ilse JAHN und Michael SCHMITT, München 2001, S. 163–179, hier S. 163. – Dahl publizierte nicht nur zu seinem Spezialgebiet, der ökologischen Tiergeographie (hier begründete er mit *Die Tierwelt Deutschlands und der angrenzenden Meeresteile nach ihren Merkmalen und nach ihrer Lebensweise*, 1925 eine bis heute bestehende wissenschaftliche Buchreihe), sondern auch zur Psychologie (*Vergleichende Psychologie oder Die Lehre von dem Seelenleben des Menschen u. der Tiere*, 1922 sowie *Zur Rückkehr der Psychologie in der*

Berliner Zoologischen Museum und der Königlichen Akademie der Wissenschaften, mit zoologischen Studien auf dem Bismarck-Archipel im Westpazifik. Seine endgültige Wirkungsstätte fand Dahl 1898 im Zoologischen Museum in Berlin, wo er – zunächst unter Möbius, seinem akademischen Lehrer aus Kieler Zeiten, – bis 1922 als Kustos tätig war.[353]

Ohne seine talentierten Schüler konnte Brandt den Standard der Kieler Planktonschule nicht halten und so versiegte die meereskundliche Aktivität in Kiel schließlich zunächst wieder weitestgehend.[354] Erst in den 1930er Jahren, als es zur Einrichtung eines Instituts für Meereskunde kam, sollte die meereswissenschaftliche Forschung an der CAU wieder zu neuem Leben erwachen.[355]

Medizin, um 1922), zum Zusammenhang von Wissenschaft und Religion (*Die Nothwendigkeit der Religion, eine letzte Consequenz der Darwinschen Lehre*, 1886) und zu politischen Themen (*Der sozialdemokratische Staat im Lichte der Darwin-Weismannschen Lehre*, 1920).

353 Christian BUSCHBAUM, Bettina SAIER und Karsten REISE, Karl August Möbius und Friedrich Dahl, in: Biologen Unserer Zeit 33 (2003) H. 6, S. 399f., hier S. 400; DAMKAER/MROZEK-DAHL, The Plankton-Expedition, hier S. 467f.; siehe zu Dahl auch Hans BISCHOFF, Friedrich Dahl, in: Mitteilungen aus dem Zoologischen Museum in Berlin 15 (1930), H. 3/4, S. 621–632.

354 Vgl. ausführlich zum Niedergang der ‚Kieler Schule' MILLS, Oceanography, S. 173–186.

355 HOFFMANN-WIECK, GEOMAR, S. 711.

III. Schlussbetrachtung und Ausblick

Die vorliegende Studie, die es sich zur Aufgabe gemacht hat, die Kieler Planktonexpedition von 1889 in ihren größeren wissenschaftsgeschichtlichen wie allgemeinhistorischen Kontext einzuordnen, veranschaulicht, wie erkenntnisreich die Symbiose von Wissenschafts- und allgemeiner Geschichte sein kann. Indem beide Perspektiven hier zusammengeführt und – vom Beispiel des Kieler Forschungsprojektes ausgehend – aufeinander bezogen wurden, offenbaren sich die wechselseitigen Abhängigkeiten und Interdependenzen von innerwissenschaftlichen wie extrawissenschaftlichen Entwicklungen. Dabei wurde vor allem deutlich, dass sich zur damaligen Zeit das Verhältnis zwischen der Sphäre der Wissenschaft und den verschiedenen anderen Gesellschaftsbereichen zu verändern begonnen hatte, was sowohl neue Interdependenzen und Austauschprozesse schuf, als auch in Abhängigkeit davon die jeweilige gegenseitige Wahrnehmung in neue Bahnen lenkte. Die betrachteten Kollektive waren zur Zeit der Planktonexpedition in ihrer Gesamtheit in einem Wandel begriffen, in dessen Zuge neue Aufgaben, neue Rollen vergeben wurden: Die Wissenschaft wurde, wie die Verhandlungen um die Finanzierung der Expedition sowie deren Nachwirkungen gezeigt haben, in noch stärkerem Maße ein Aushandlungsprozess, der zunehmend neue Ebenen und neue Öffentlichkeitsschichten miteinbeziehen musste. Was als nützliche, fortschrittsfördernde oder förderungswürdige Wissenschaft galt, wurde in noch stärkerem Maße als zuvor nicht mehr nur innerhalb der wissenschaftlichen Welt definiert; vielmehr führten die gleichzeitige wachsende Abhängigkeit der Wissenschaftstreibenden von Geldgebern aus Staat, Wirtschaft und Gesellschaft auf der einen Seite und die wachsende Abhängigkeit verschiedener Gesellschaftsbereiche von der Wissenschaft als Problemlöser, als Werkzeug und allgemeines Fortschrittsvehikel sowie als Legitimationsgenerator auf der anderen Seite zur Einbeziehung der Gesellschaft als Ganzes in diesen Definitionsprozess.

Die Teilnahme breiterer Bevölkerungsschichten an diesen Aushandlungs- und Definitionsprozessen wiederum wurde – wie die Einbeziehung des Faktors der Öffentlichkeit in die Untersuchung gezeigt hat – erst durch eine intensivierte Teilhabe an der Welt durch schnellere, häufigere und umfassendere Kommunikation ermöglicht. Auch die Mediengeschichte hat sich hier entsprechend als mit der Wissenschafts- und der allgemeinen Geschichte auf das Engste verbunden gezeigt.

Ausführlich schilderten sowohl die Kapitel zu den Verhandlungen um die Mittelbewilligung als auch das Kapitel zum Forschungsstreit mit Haeckel wie die Akteure mit diesem sich wandelnden Verständnis von Wissenschaft und ihrer neuen Verortung innerhalb der Gesellschaft umgingen und wie die parallel ablaufenden universitäts- wie allgemeingeschichtlichen Entwicklungen sich in dieses Bild einfügten und das Handeln der Beteiligten beeinflussten. Hensen und seine Mitstreiter zeigten sich dabei als strategisch geschickt agierende Ressourcenmobilisierer und Legitimationsstrategen, die die zeittypischen Strömungen bewusst in ihre Argumentationsformeln einbanden, ihre gute Vernetzung ausnutzten und die Öffentlichkeit als Verbündeten zu gewinnen bzw. zu halten versuchten; gleichzeitig blieben sie dabei stets abhängig davon, ob die von ihnen angebotenen Ressourcen – vor allem wissenschaftlicher Fortschritt und Prestige, ein (zumindest prospektiver) ökonomischer Nutzen, Mitwirkung am Konstruktionsprozess der Nation, Unterhaltung – von der jeweiligen Gegenseite akzeptiert würden. Auch wirkte sich der große Umbruch in der Wissenschaftslandschaft nicht nur belebend auf die Wissenschaft aus, die sich zwar institutionell wie innerwissenschaftlich zum damaligen Zeitpunkt massiv ausdifferenzierte und wie im Fall der Planktonexpedition von den Zielen der aufkommenden Wissenschaftspolitik der Kultusministerien profitieren konnte, aber schließlich in ihrer Struktur auch Schwächen aufzuweisen begann, die wie geschildert zum Niedergang der ‚Kieler Schule‘ führten.

Sowohl der gewählte methodische Zugang zum Thema mit einem Fokus auf biographischen Elementen wie auch die herangezogene breitgestreute Quellenbasis haben sich für die Studie als geeignet und aufschlussreich erwiesen: Während die aufgezeigten, sich vielfach kreuzenden Lebenswege der Akteure zu einem besseren Verständnis ihres Handelns beitrugen, ergänzten sich die archivalischen Quellen aus den verschiedenen Archiven oft in wesentlichen Punkten, die ansonsten im Dunkeln hätten bleiben müssen; dabei bot die Auswahl an persönlichen wie institutionellen, vertraulichen wie öffentlichen Dokumenten eine facettenreiche Perspektive auf die untersuchten Vorgänge. Die so gewonnenen Ergebnisse zeichnen sich durch Multiperspektivität und Tiefenschärfe aus. Dabei werden die Vielschichtigkeit und teilweise Ambivalenz von Motiven, Argumentationsmustern und Aktionen als natürliche Begleiterscheinungen eines Projekts verstanden, das auf höchst komplexe Weise in die damaligen Diskurse, Biographien und Institutionen eingebettet war.

Fallstudien wie diese können, indem sie nicht als limitierend, sondern vielmehr als fokussierend verstanden werden, durchaus bis zu einem gewissen Maße und unter Vorbehalt zeittypische Entwicklungen aufzeigen. Dennoch bleibt eine Erweiterung dieser konzentrierten Perspektive wünschenswert, um sie unter Umständen zu korrigieren, vielleicht aber auch weiter zu bekräftigen und zu konturieren und die beschriebenen Umbrüche und Entwicklungen in ihrer Verfasstheit und ihrer längerfristigen Prägekraft noch klarer fassen zu können.

IV. Abkürzungsverzeichnis

ABBAW	Archiv der Berlin-Brandenburgischen Akademie der Wissenschaften
CAU	Christian-Albrechts-Universität zu Kiel
DFV	Deutscher Fischerei-Verein
DWKIM	Deutsche Wissenschaftliche Kommission für Internationale Meeresforschung
GStA PK	Geheimes Staatsarchiv Preußischer Kulturbesitz
ICES	International Council for the Exploration of the Sea
LASH	Landesarchiv Schleswig-Holstein
Kieler Kommission	Preußische Kommission zur wissenschaftlichen Untersuchung der deutschen Meere im Interesse der Fischerei (Kiel)

V. Quellen- und Literaturverzeichnis

V.1 Quellen

V.1.1 Ungedruckte Quellen

Archiv der Berlin-Brandenburgischen Akademie der Wissenschaften, Berlin (ABBAW)

PAW (1812–1945):

II-XI-74, Verhandlungen der physik.-math. Klasse, Humboldt-Stiftung (1877–1889).

II-XI-84, Akten der Preußischen Akademie der Wissenschaften (1812–1945), Humboldt-Stiftung.

II-XI-93, Abrechnung der Hensen'schen Planktonexpedition.

NL Troschel, Nr. 96.

Geheimes Staatsarchiv Preußischer Kulturbesitz, Berlin-Dahlem (GStA PK)

I. HA Rep. 76 Kultusministerium:

Va Sekt. 9 Tit. X Nr. 4 Bd. 1, Organisation und Verwaltung des Physiologischen Instituts der Universität Kiel Bd. 1 (1867–1918).

Vc Sekt. 1 XI Teil V C Nr. 12 Bd. 1, Organisation und Durchführung der Planktonexpedition.

Vc Sekt. 1 XI Teil V C Nr. 12 Bd. 2, Organisation und Durchführung der Planktonexpedition.

Vc Sekt. 1 XI Teil V C Nr. 12 Bd. 3, Organisation und Durchführung der Planktonexpedition.

Vc Sekt. 1 Tit. XI Teil I Nr. 15 Bd. 1, Deutsche Fischereivereine Bd. 1 (1881–1904).

I. HA Rep. 89 Geheimes Zivilkabinett, jüngere Periode, Nr. 21532, Institut für Meereskunde und das Marine-Museum (1899–1907) Bd. 1.

I. HA Rep. 89 Geheimes Zivilkabinett, jüngere Periode, Nr. 21533, Institut für Meereskunde und das Marine-Museum (1908–1917) Bd. 2.

I. HA Rep. 89 Geh. Zivilkabinett, jüngere Periode, Nr. 21646, betreffend die verschiedenen Angelegenheiten und das Personal der Universität Kiel, 1866–1879.

I. HA Rep. 90 A, Nr. 1789, Förderung der Meereskunde (1871–1939).

VI. HA Nl Schiemann, Theodor, Nr. 17.

Landesarchiv Schleswig-Holstein, Schleswig (LASH)

Abt. 47.10, Universitätsbibliothek, Nr. 1–12.

Abt. 47.1, Nr. 238, Physiologisches Institut.

V.1.2 Gedruckte Quellen

BRANDT, Karl: Haeckels Ansichten über die Plankton-Expedition, in: Schriften des Naturwissenschaftlichen Vereins für Schleswig-Holstein VIII (1891) H. 2, S. 1–15.

–: Ueber die biologischen Untersuchungen der Plankton-Expedition, in: Naturwissenschaftliche Rundschau 5 (1890), S. 112–114.

BRENNECKE, Wilhelm: Forschungsreise S.M.S. Planet 1906/07 Bd. 3: Ozeanographie, hrsg. vom REICHS-MARINE-AMT, Berlin 1909.

INSTITUT UND MUSEUM für Meereskunde der Friedrichs-Wilhelm-Universität Berlin (Hrsg.): Führer durch das Museum für Meereskunde in Berlin, Berlin 1907.

Gemeinfassliche MITTHEILUNGEN aus den Untersuchungen der Kommission zur Wissenschaftlichen Untersuchung der Deutschen Meere, hrsg. im Auftrage des KÖNIGLICHEN MINISTERIUMS für Landwirtschaft, Domänen und Forsten, Kiel 1880.

GRÄF, Marine-Stabsarzt: Forschungsreise S.M.S. Planet 1906/07 Bd. 4: Biologie, hrsg. vom REICHS-MARINE-AMT, Berlin 1909.

HAECKEL, Ernst: Plankton-Studien. Vergleichende Untersuchungen über die Bedeutung und Zusammensetzung der Pelagischen Fauna und Flora, Jena 1890.

–: Die Radiolarien (Rhizopoda radiaria). Eine Monographie, Berlin 1862.

HAMANN, Otto: Professor Ernst Haeckel in Jena und seine Kampfweise. Eine Erwiderung, Göttingen 1893.

HARNACK, Adolf: Geschichte der Königlich Preussischen Akademie der Wissenschaften zu Berlin Bd. 2: Vom Tode Friedrichs des Großen bis zur Gegenwart, Berlin 1900.

HEINCKE, Friedrich: Die Untersuchungen von Hensen über die Produktion des Meeres an belebter Substanz, in: Mittheilungen der Section für Küsten- und Hochseefischerei 3–5 (1889), S. 35–58.

HELMHOLTZ, Hermann von: Vorträge und Reden Bd. 1, 4. Aufl., Braunschweig 1896.

HENSEN, Victor: Ansprache des geschäftsführenden Vorsitzenden der Kommission Prof. V. Hensen, in: Festschrift der Preussischen Kommission zur wissenschaftlichen Untersuchung der deutschen Meere zu Kiel aus Anlass ihres 50jährigen Bestehens, Kiel u. a. 1921, S. 1–6.

–: Das Leben im Ozean nach Zählungen seiner Bewohner. Übersicht und Resultate der quantitativen Untersuchungen, Kiel u. a. 1911 (Ergebnisse der in dem Atlantischen Ozean von Mitte Juli bis Anfang November 1889 ausgeführten Plankton-Expedition der Humboldt-Stiftung Bd. V).

–: (Hrsg.): Ergebnisse der in dem Atlantischen Ozean von Mitte Juli bis Anfang November 1889 ausgeführten Plankton-Expedition der Humboldt-Stiftung 5 Bde., Kiel u. a. 1892–1911.

–: Die Biologie des Meeres. Rede am Stiftungsfest des Naturwissenschaftlichen Vereins in Kiel, in: Schriften des Naturwissenschaftlichen Vereins für Schleswig-Holstein 13 (1905), S. 221–237.

–: Einige Ergebnisse der Expedition, in: Reisebeschreibung der Plankton-Expedition nebst Einleitung von Dr. Hensen und Vorberichten von Drr. Dahl, Apstein, Lohmann, Borgert, Schütt und Brandt, hrsg. von Otto KRÜMMEL, Kiel u. a. 1892 (Ergebnisse der Plankton-Expedition der Humboldt-Stiftung Bd. 1), S. 18–46.

–: Entwicklung des Reiseplans, in: Reisebeschreibung der Plankton-Expedition nebst Einleitung von Dr. Hensen und Vorberichten von Drr. Dahl, Apstein, Lohmann, Borgert, Schütt und Brandt, hrsg. von Otto KRÜMMEL, Kiel u. a. 1892 (Ergebnisse der Plankton-Expedition der Humboldt-Stiftung Bd. 1), S. 3–17.

–: Die Plankton-Expedition und Haeckel's Darwinismus. Ueber einige Aufgaben und Ziele der beschreibenden Naturwissenschaften, Kiel u. a. 1891.

–: Einige Ergebnisse der Plankton-Expedition der Humboldt-Stiftung, in: Naturwissenschaftliche Rundschau 5 (1890), S. 318–320.

–: Die Naturwissenschaft im Universitätsverband. Rede beim Antritt des Rektorats der Königlichen Christian-Albrechts-Universität zu Kiel am 5. März 1887, Kiel 1887.

–: Über die Bestimmung des Planktons oder des im Meere treibenden Materials an Pflanzen und Thieren, in: Jahresbericht der Commission zur Wissenschaftlichen Untersuchung der Deutschen Meere in Kiel für die Jahre 1882–1886, hrsg. im Auftrag des Königlich-Preussischen Ministeriums für die Landwirtschaftlichen Angelegenheiten, Berlin 1887, S. 1–109.

–: Die zoologische Station in Neapel, in: Leopoldina 12 (1876), S. 141–144 und 153–156.

–: Über das Gehörorgan von Locusta, in: Zeitschrift für wissenschaftliche Zoologie 16 (1866), S. 190–207 und Tafel X.

–: Über das Auge einiger Cephalopoden, in: Zeitschrift für wissenschaftliche Zoologie 15 (1865), S. 155–242 und Tafeln XII–XXI.

–: Ueber die Zuckerbildung in der Leber, in: Virchows Archiv für Pathologische Anatomie 11 (1857), S. 395–398.

INDEX SCHOLARUM in academia regia Christiana-Albertina per instans semestre aestivum a die inde XVII. aprilis a. MDCCCXV, Kiel 1815.

KRÜMMEL, Otto: Die internationale Erforschung der nordeuropäischen Meere, in: Veröffentlichungen des Instituts für Meereskunde und des Geographischen Instituts Berlin (1904) H. 6, S. 1–7.

–: Die Fahrt durch den Nordatlantischen Ocean nach den Bermudas-Inseln, in: Reisebeschreibung der Plankton-Expedition nebst Einleitung von Dr. Hensen und Vorberichten von Drr. Dahl, Apstein, Lohmann, Borgert, Schütt und Brandt, hrsg. von Otto KRÜMMEL, Kiel u.a. 1892 (Ergebnisse der Plankton-Expedition der Humboldt-Stiftung Bd. 1), S. 47–69.

–: (Hrsg.): Reisebeschreibung der Plankton-Expedition nebst Einleitung von Dr. Hensen und Vorberichten von Drr. Dahl, Apstein, Lohmann, Borgert, Schütt und Brandt, Kiel u.a. 1892 (Ergebnisse der Plankton-Expedition der Humboldt-Stiftung Bd. 1).

MEYER, Heinrich Adolph, Karl MÖBIUS und Victor HENSEN: Die Expedition zur physikalisch-chemischen und biologischen Untersuchung der Ostsee im Sommer 1871 auf S.M. Avisodampfer Pommerania. Jahresbericht der Commission zur wissenschaftlichen Untersuchung der deutschen Meere in Kiel für das Jahr 1871, Berlin 1873.

POLLACK, Walter: Denkschrift betreffend die Gründung eines Internationalen Verbandes zur Unterstützung der gelehrten Arbeit, Berlin 1908 (Archiv für Rechts- und Wirtschaftsphilosophie Bd. 1).

SCHÜTT, Franz: Analytische Plankton-Studien. Ziele, Methoden und Anfangs-Resultate der quantitativ-analytischen Planktonforschung, Kiel u.a. 1892.

SIEMENS, Werner: Das naturwissenschaftliche Zeitalter, Berlin 1886.

–: Lebenserinnerung, 17., unveränd. Aufl., München 1966.

STEUER, Adolf: Die Entwicklung der deutschen marinen Planktonforschung, in: Die Naturwissenschaften 24 (1936) H. 9, S. 129–131.

VERZEICHNIS DER VORLESUNGEN an der Königl. Christian-Albrechts-Universität zu Kiel im Sommerhalbjahr 1905, Kiel 1905.

V.1.3 Zeitungsartikel

„Die Challenger-Expedition zur Erforschung der Meere", in: Beilage der Augsburger Zeitung vom 15. November 1872.

„Über biologische Meeresuntersuchungen" von Victor Hensen, in: Humboldt vom Juli 1888.

Zeitungsausschnitt zum Besuch schottischer Meereswissenschaftler in Kiel, ohne Titelangabe, in: Staatsbürger Zeitung vom 10. Oktober 1888.

„Hensens wissenschaftliche Expedition zur Erforschung der See I", in: Böhmische Zeitung vom 28. Juli 1889.

„Von der deutschen Planktonexpedition", in: Elberfelder Zeitung vom 18. November 1889.

„Die neueren Forschungen über den Stoffwechsel des Meeres" von Carus Sterne, in: Tägliche Rundschau, Unterhaltungsbeilage vom 14. März 1891.

„Rubrik: Kunst und Wissenschaft", in: Deutscher Reichsanzeiger vom 19. März 1891.

„Das Museum für Meereskunde", in: Reichs- und Staatsanzeiger vom 6. März 1906.

V.2 Literatur

ANDERSON, Benedict: Imagined Communities. Reflections on the Origin and Spread of Nationalism, überarb. Ausg., London u. a. 2006.

ASH, Mitchell G.: Wissenschaft(en) und Öffentlichkeit(en) als Ressourcen füreinander. Weiterführende Bemerkungen zur Beziehungsgeschichte, in: Wissenschaft und Öffentlichkeit als Ressourcen füreinander. Studien zur Wissenschaftsgeschichte im 20. Jahrhundert, hrsg. von Sybilla NIKOLOW und Arne SCHIRRMACHER, Frankfurt am Main u. a. 2007, S. 349–365.

–: Wissenschaftswandlungen und politische Umbrüche im 20. Jahrhundert - was hatten sie miteinander zu tun?, in: Kontinuitäten und Diskontinuitäten in der Wissenschaftsgeschichte des 20. Jahrhunderts, hrsg. von Rüdiger vom BRUCH, Uta GERHARDT und Aleksandra PAWLICZEK, Stuttgart 2006 (Wissenschaft, Politik und Gesellschaft Bd. 1), S. 19–37.

–: Wissenschaft und Politik als Ressourcen für einander, in: Wissenschaften und Wissenschaftspolitik. Bestandsaufnahmen zu Formationen, Brüchen und Kontinuitäten im Deutschland des 20. Jahrhunderts, hrsg. von Rüdiger vom BRUCH und Brigitte KADERAS, Stuttgart 2002, S. 32–51.

AUGE, Oliver und Martin GÖLLNITZ: Kieler Professoren als Erforscher der Welt und als Forscher in der Welt. Ein Einblick in die Expeditionsgeschichte der Christian-Albrechts-Universität, in: Christian-Albrechts-Universität zu Kiel. 350 Jahre Wirken in Stadt, Land und Welt, hrsg. von Oliver AUGE, Kiel 2015, S. 947–970.

BAUMGARTEN, Marita: Professoren und Universitäten im 19. Jahrhundert. Zur Sozialgeschichte deutscher Geistes- und Naturwissenschaftler, Göttingen 1997 (Kritische Studien zur Geschichtswissenschaft Bd. 121).

BISCHOFF, Hans: Friedrich Dahl, in: Mitteilungen aus dem Zoologischen Museum in Berlin 15 (1930), H. 3/4, S. 621–632.

BÖLSCHE, Wilhelm: Eine nichtgehaltene Grabrede. Ein letztes Wort zu Ernst Haeckel, in: Der gerechtfertigte Haeckel. Einblicke in seine Schriften aus

Anlaß des Erscheinens seines Hauptwerkes „Generelle Morphologie der Organismen" vor 100 Jahren, hrsg. von Gerhard Heberer, Stuttgart 1968, S. 23–42.

BREIDBACH, Olaf: Über die Geburtswehen einer quantifizierenden Ökologie. Der Streit um die Kieler Planktonexpedition von 1889, in: Berichte zur Wissenschaftsgeschichte 13 (1990) H. 2, S. 101–114.

BROCKE, Bernhard vom: Von der Wissenschaftsverwaltung zur Wissenschafts-politik. Friedrich Althoff (19.2. 1839–20.10.1908), in: Berichte zur Wissen-schaftsgeschichte 11 (1988) H. 1, S. 1–26.

–: Hochschul- und Wissenschaftspolitik in Preußen und im Kaiserreich 1882–1907. Das »System Althoff«, in: Bildungspolitik in Preußen zur Zeit des Kaiserreichs, hrsg. von Peter Baumgart, Stuttgart 1980 (Preußen in der Geschichte Bd. 1), S. 9–118.

BRODER HANSEN, Clas: Die Seefischerei, in: Übersee. Seefahrt und Seemacht im deutschen Kaiserreich, hrsg. von Volker PLAGEMANN, München 1988, S. 216–221.

BRUCH, Rüdiger vom und Aleksandra PAWLICZEK: Einleitung. Zum Verhält-nis von politischem und Wissenschaftswandel, in: Kontinuitäten und Dis-kontinuitäten in der Wissenschaftsgeschichte des 20. Jahrhunderts, hrsg. von DENS. und Uta GERHARDT, Stuttgart 2006 (Wissenschaft, Politik und Gesellschaft Bd. 1), S. 9–17.

–: Methoden und Schwerpunkte der neueren Universitätsgeschichtsforschung, in: Die Universität Greifswald und die deutsche Hochschullandschaft im 19. und 20. Jahrhundert. Kolloquium des Lehrstuhls für Pommersche Ge-schichte der Universität Greifswald in Verbindung mit der Gesellschaft für Universitäts- und Wissenschaftsgeschichte, hrsg. von Werner BUCHHOLZ, Stuttgart 2004 (Pallas Athene Bd. 10), S. 9–26.

–: Umbrüche und Neuorientierungen im ersten Drittel des 20. Jahrhunderts. Einführung, in: Wissenschaften und Wissenschaftspolitik. Bestandsauf-nahmen zu Formationen, Brüchen und Kontinuitäten im Deutschland des 20. Jahrhunderts, hrsg. von DEMS. und Brigitte KADERAS, Stuttgart 2002, S. 25–31.

BUSCHBAUM, Christian, Bettina SAIER und Karsten REISE: Karl August Möbius und Friedrich Dahl, in: Biologen Unserer Zeit 33 (2003) H. 6, S. 399–400.

CANGUILHEM, Georges: Wissenschaftsgeschichte und Epistemologie. Gesam-melte Aufsätze, übers. von Michael BISCHOFF, hrsg. von Wolf LEPENIES, 1. Aufl., Frankfurt am Main 1979.

CORDES, Lena und Jelena STEIGERWALD: Die politische Rolle der Kieler Professoren zwischen der schleswig-holsteinischen Erhebung und der Reichsgründung, in: Gelehrte Köpfe an der Förde. Kieler Professorinnen und Professoren in Wissenschaft und Gesellschaft seit der Universitäts-gründung 1665, hrsg. von Oliver AUGE und Swantje PIOTROWSKI, Kiel 2014 (Sonderveröffentlichungen der Gesellschaft für Kieler Stadtgeschichte Bd. 73), S. 139–180.

CUBITT, Geoffrey: Introduction, in: Imagining Nations, hrsg. von DEMS., Manchester u. a. 1998 (York Studies in Cultural History), S. 1–20.

DAMKAER, David M. und Tenge MROZEK-DAHL: The Plankton-Expedition and the Copepod Studies of Friedrich and Maria Dahl, in: Oceanography. The Past. Proceedings of the 3rd International Congress on the History of Oceanography held September 22–26, 1980, at the Woods Hole Ocea-nographic Institution, Woods Hole, Mass., USA, hrsg. von Mary SEARS, New York u. a. 1980, S. 462–473.

DAUM, Andreas W.: Wissenschaftspopularisierung im 19. Jahrhundert. Bür-gerliche Kultur, naturwissenschaftliche Bildung und die deutsche Öffent-lichkeit 1848–1914, München 2002.

DIENEL, Hans-Luidger: Industrielles Interesse an der staatlich geförderten Forschung. Entwicklung und Konsequenzen eines forschungspolitischen Arguments im 20. Jahrhundert, in: Finanzierung von Universität und Wis-senschaft in Vergangenheit und Gegenwart, hrsg. von Rainer Christoph SCHWINGES, Basel 2005 (Veröffentlichungen der Gesellschaft für Univer-sitäts- und Wissenschaftsgeschichte Bd. 6), S. 521–548.

EHRENBAUM, Ernst: 50 Jahre Kieler Kommission zur Untersuchung der deut-schen Meere, in: Der Fischerbote XII (1920) H. 8, S. 454–457.

ENGELMANN, Gerhard: Die Gründungsgeschichte des Instituts und Museums für Meereskunde in Berlin 1899–1906, in: Historisch-Meereskundliches Jahrbuch 4 (1997), S. 105–122.

EPKENHANS, Michael: Flotten und Flottenaufrüstung im 20. Jahrhundert, in: Maritime Wirtschaft in Deutschland. Schifffahrt – Werften – Handel – See-macht im 19. und 20. Jahrhundert. Vorträge der Schifffahrtshistorischen Tagung der Deutschen Gesellschaft für Schifffahrts- und Marinegeschichte (DGSM) in Hamburg vom 5.–7. November 2010, hrsg. von Jürgen ELVERT, Sigurd HESS und Heinrich WALLE, Stuttgart 2012 (Historische Mitteilun-gen Beiheft Bd. 82), S. 176–189.

GERABEK, Werner E.: Art. „Munk, Hermann", in: Neue Deutsche Biographie Bd. 18, Berlin 1997, S. 595.

GERLACH, Sebastian A. und Gerhard KORTUM: Zur Gründung des Instituts für Meereskunde der Universität Kiel 1933 bis 1945, in: Historisch-Mee-reskundliches Jahrbuch 7 (2000), S. 7–48.

GERLACH, Walther: Art. „Helmholtz, Hermann Ludwig Ferdinand von", in: Neue Deutsche Biographie Bd. 8, Berlin 1969, S. 498–501.

GÖLLNITZ, Martin: Forscher, Hochschullehrer, Wissenschaftsorganisatoren: Kieler Professoren zwischen Kaiserreich und Nachkriegszeit, in: Christian-Albrechts-Universität zu Kiel. 350 Jahre Wirken in Stadt, Land und Welt, hrsg. von Oliver AUGE, Kiel 2015, S. 496–525.

–: Das ‚Kieler Gelehrtenverzeichnis' in der Praxis. Karrieren von Hochschullehrern im Dritten Reich zwischen Parteizugehörigkeit und Wissenschaft, in: Jahrbuch für Universitätsgeschichte 16: Schwerpunkt: Professorenkataloge 2.0 – Ansätze und Perspektiven webbasierter Forschung in der gegenwärtigen Universitäts- und Wissenschaftsgeschichte, hrsg. von Oliver AUGE und Swantje PIOTROWSKI, Stuttgart 2013 [erschienen 2015], S. 291–312.

GOODFELLOW, Ron: Keynote Address to Symposium IV. Economic Aspects and Their Influence on Marine Science, in: Ocean Sciences. Their History and Relation to Man. Proceedings of the 4th International Congress on the History of Oceanography, Hamburg 23.-29.9.1987, hrsg. von Walter LENZ und Margaret DEACON, Hamburg 1990 (Deutsche Hydrographische Zeitschrift, Ergänzungsheft Reihe B Bd. 22), S. 461–466.

GOSCHLER, Constantin: Deutsche Naturwissenschaft und naturwissenschaftliche Deutsche. Rudolf Virchow und die „deutsche Wissenschaft", in: Wissenschaft und Nation in der europäischen Geschichte, hrsg. von Ralph JESSEN und Jakob VOGEL, Frankfurt am Main u. a. 2002, S. 97–114.

GRAFF, Otto: Die Regenwurmfrage im 18. und 19. Jahrhundert und die Bedeutung Victor Hensens, in: Zeitschrift für Agrargeschichte und Agrarsoziologie 27 (1979), S. 232–243.

HACHTMANN, Rüdiger: Wissenschaftsgeschichte in der ersten Hälfte des 20. Jahrhunderts, in: Archiv für Sozialgeschichte 48 (2008), S. 539–606.

HARWOOD, Jonathan: Forschertypen im Wandel 1880–1930, in: Wissenschaften und Wissenschaftspolitik. Bestandsaufnahmen zu Formationen, Brüchen und Kontinuitäten im Deutschland des 20. Jahrhunderts, hrsg. von Rüdiger vom BRUCH und Brigitte KADERAS, Stuttgart 2002, S. 162–168.

HEBERER, Gerhard (Hrsg.): Der gerechtfertigte Haeckel. Einblicke in seine Schriften aus Anlaß des Erscheinens seines Hauptwerkes „Generelle Morphologie der Organismen" vor 100 Jahren, Stuttgart 1968.

HEIDBRINK, Ingo: „Deutschlands einzige Kolonie ist das Meer!" Die deutsche Hochseefischerei und die Fischereikonflikte des 20. Jahrhunderts, Hamburg 2004 (Schriften des Deutschen Schiffahrtsmuseums Bd. 63).

HOBSON, Rolf: Zur Seemachtsideologie, in: Maritime Wirtschaft in Deutschland. Schifffahrt – Werften – Handel – Seemacht im 19. und 20. Jahrhundert. Vorträge der Schifffahrtshistorischen Tagung der Deutschen Gesellschaft für Schiffahrts- und Marinegeschichte (DGSM) in Hamburg vom 5.-7. November 2010, hrsg. von Jürgen ELVERT, Sigurd

120

HESS und Heinrich WALLE, Stuttgart 2012 (Historische Mitteilungen Beiheft Bd. 82), S. 170–175.

–: Imperialism at Sea. Naval Strategic Thought, the Ideology of Sea Power, and the Tirpitz Plan, 1875–1914, Boston u.a. 2002 (Studies in Central European Histories Bd. 25).

HÖFLECHNER, Walter: Art. „Schulze, Franz Eilhard", in: Neue Deutsche Biographie Bd. 23, Berlin 2007, S. 723–724.

HOFFMANN-WIECK, Gerd: Das GEOMAR Helmholtz-Zentrum für Ozeanforschung Kiel und die Geschichte der Kieler Meereskunde, in: Christian-Albrechts-Universität zu Kiel. 350 Jahre Wirken in Stadt, Land und Welt, hrsg. von Oliver AUGE, Kiel 2015, S. 697–721.

HOFMANN, Matthias und Rainer HUSCHMANN: August Petermann. Beginn einer neuen Ära, in: Gothaer Geowissenschaftler in 220 Jahren, hrsg. vom Urania Kultur- und Bildungsverein Gotha e. V., Gotha 2005, 23–24.

JAHN, Ilse: Die Humboldt-Stipendien für Planktonforschung und die Haeckel-Hensen-Kontroverse (1881–1893), in: Berichte zur Geschichte der Hydro- und Meeresbiologie und weitere Beiträge zur 8. Jahrestagung der DGGTB in Rostock 1999, hrsg. von Ekkehard HÖXTERMANN, Joachim KAASCH, Michael KAASCH und Ragnar KINZELBACH, Berlin 2000 (Verhandlungen zur Geschichte und Theorie der Biologie Bd. 5), S. 47–60.

–: Ernst Haeckel und die Berliner Zoologen, in: Wissenschaftshistorisches Kolloquium. Georg Uschmann zum 70. Geburtstag gewidmet, hrsg. von Georg USCHMANN, Halle a.d. Saale 1985 (Acta Historica Leopoldina Bd. 16), S. 65–109.

JESSEN, Ralph und Jakob VOGEL: Einleitung. Die Naturwissenschaften und die Nation, in: Wissenschaft und Nation in der europäischen Geschichte, hrsg. von DENS., Frankfurt am Main u.a. 2002, S. 7–37.

JORDANOVA, Ludmilla: Science and Nationhood. Cultures of Imagined Communities, in: Imagining Nations, hrsg. von Geoffrey CUBITT, Manchester u.a. 1998 (York Studies in Cultural History), S. 192–211.

KEITEL-HOLZ, Klaus: Ernst Haeckel. Forscher, Künstler, Mensch. Eine Biographie, Frankfurt am Main 1984.

KÖLMEL, Reinhard: The Prussian „Kommission zur wissenschaftlichen Untersuchung der deutschen Meere in Kiel" and the Origin of Modern Concepts in Marine Biology in Germany, in: Ocean Sciences. Their History and Relation to Man. Proceedings of the 4th International Congress on the History of Oceanography, Hamburg 23.-29.9.1987, hrsg. von Walter LENZ und Margaret DEACON, Hamburg 1990 (Deutsche Hydrographische Zeitschrift, Ergänzungsheft Reihe B Bd. 22), S. 399–407.

KORTUM, Gerhard und Johannes ULRICH: Kieler Meeresforschung zur Kaiserzeit. Zum Leben und Werk von Otto Krümmel (1854–1917), in: Historisch-Meereskundliches Jahrbuch 11 (2005), S. 141–156.

KORTUM, Gerhard: Victor Hensen in der Geschichte der Meeresforschung, in: Schriften des Naturwissenschaftlichen Vereins für Schleswig-Holstein 71 (2009), S. 3–25.

–: Der Holsteinische Beitrag zur britischen „Challenger"-Expedition 1872–1876. Zum Leben und Werk des Zoologen Rudolph von Willemoes-Suhm (1847–1875). Ein Beitrag zur Geschichte der Meeresforschung, in: Schriften des Naturwissenschaftlichen Vereins für Schleswig-Holstein 66 (1996), S. 97–134.

–: Samuel REYHER (1635–1714) und sein „Experimentum Novum", in: 300 Jahre Meeresforschung an der Universität Kiel. Ein historischer Rückblick, bearb. von Brigitte LOHFF, Kiel 1994 (Berichte aus dem Institut für Meereskunde an der Christian-Albrechts-Universität Kiel Bd. 246), S. 3–12.

KRAGH, Helge: An Introduction to the Historiography of Science, Cambridge u. a. 1987.

KRAGH, Lisa: „In's Wasser geworfenes Geld"? Eine Kontextualisierung der öffentlichen Kontroverse um die Planktonexpedition von 1889, in: Mit Forscherdrang und Abenteuerlust. Expeditionen und Forschungsreisen Kieler Wissenschaftlerinnen und Wissenschaftler, hrsg. von Oliver AUGE und Martin GÖLLNITZ, Frankfurt am Main 2017 (Kieler Werkstücke Reihe A: Beiträge zur schleswig-holsteinischen und skandinavischen Geschichte Bd. 49), S. 67–106.

KRAUSS, Wolfgang: The Institute of Marine Research in Kiel, in: Ocean Sciences. Their History and Relation to Man. Proceedings of the 4th International Congress on the History of Oceanography, Hamburg 23.-29.9.1987, hrsg. von Walter LENZ und Margaret DEACON, Hamburg 1990 (Deutsche Hydrographische Zeitschrift, Ergänzungsheft Reihe B Bd. 22), S. 131–140.

KRAUSSE, Erika: Ernst Haeckel, Leipzig 1984 (Biographien hervorragender Naturwissenschaftler, Techniker und Mediziner Bd. 70).

KREY, Johannes: Art. „Brandt, Andreas Heinrich Carl", in: Neue Deutsche Biographie Bd. 2, Berlin 1955, S. 532–533.

LAMBERT, Andrew: Seemacht und Geschichte. Der Aufbau der Seemacht im kaiserlichen Deutschland, in: Maritime Wirtschaft in Deutschland. Schifffahrt – Werften – Handel – Seemacht im 19. und 20. Jahrhundert. Vorträge der Schifffahrtshistorischen Tagung der Deutschen Gesellschaft für Schifffahrts- und Marinegeschichte in Hamburg vom 5.–7. November 2010, hrsg. von Jürgen ELVERT, Sigurd HESS und Heinrich WALLE, Stuttgart 2012 (Historische Mitteilungen Beiheft Bd. 82), S. 190–209.

LENZ, Walter: Victor Hensen (1835–1924). Founder of Quantitative Plankton Research, in: Ocean Sciences Bridging the Millennia. A Spectrum of Historical Accounts, hrsg. von Selim MORCOS, Gary WRIGHT, Mingyuan ZHU, Roger CHARLIER, DEMS., Ming LU und Emei ZOU, Beijing 2004, S. 29–34.

–: Über die Entwicklung maritimer Interessen Preußens und seiner Meeresforschung 1640 bis 1900, in: Historisch-Meereskundliches Jahrbuch 4 (1997), S. 9–18.

–: Die Überfischung der Nordsee. Ein historischer Überblick des Konflikts zwischen Politik und Wissenschaft, in: Historisch-Meereskundliches Jahrbuch 1 (1992), S. 87–108.

LEPS, Günther: Karl August Möbius (1825–1908) und Friedrich Dahl (1856–1919), in: Darwin und Co. Eine Geschichte der Biologie in Portraits Bd. 2, hrsg. von Ilse JAHN und Michael SCHMITT, München 2001, S. 163–179.

LOHFF, Brigitte (Bearb.): 300 Jahre Meeresforschung an der Universität Kiel. Ein historischer Rückblick, Kiel 1994 (Berichte aus dem Institut für Meereskunde an der Christian-Albrechts-Universität Kiel Bd. 246).

–: Die Entdeckung der Welt des Planktons, in: Historisch-Meereskundliches Jahrbuch 1 (1992), S. 35–44.

LOHFF, Brigitte und Reinhard KÖLMEL: Victor Hensens Wirken an der Christian-Albrechts-Universität. Zum 150jährigen Geburtstag des Kieler Physiologen und Meeresforschers, in: Christiana Albertina (1985) H. 21, S. 45–56.

LÜDECKE, Cornelia: Erich von Drygalski und die Gründung des Instituts und Museums für Meereskunde, in: Historisch-Meereskundliches Jahrbuch 4 (1997), S. 19–36.

–: Die erste deutsche Südpolarexpedition und die Flottenpolitik unter Kaiser Wilhelm II., in: Historisch-Meereskundliches Jahrbuch 1 (1992), S. 55–75.

MEINEL, Christoph: Vorwort, in: Die biographische Spur in der Kultur- und Wissenschaftsgeschichte, hrsg. von Peter ZIGMAN, Jena 2006, S. 5–7.

METZLER, Gabriele: Deutschland in den internationalen Wissenschaftsbeziehungen, 1900–1930, in: Gebrochene Wissenschaftskulturen. Universität und Politik im 20. Jahrhundert, hrsg. von Michael GRÜTTNER, Rüdiger HACHTMANN, Konrad H. JARAUSCH, Jürgen JOHN und Matthias MIDDELL, Göttingen 2010, S. 55–82.

MILLS, Eric L.: Biological Oceanography. An Early History, 1870–1960, Ithaca u. a. 1989.

NEUBERT, Hans-Jürgen: Das öffentliche Vortragswesen des Instituts für Meereskunde, in: Historisch-Meereskundliches Jahrbuch 4 (1997), S. 88–94.

NIKOLOW, Sybilla und Arne SCHIRRMACHER: Das Verhältnis von Wissenschaft und Öffentlichkeit als Beziehungsgeschichte. Historiographische und systematische Perspektiven, in: Wissenschaft und Öffentlichkeit als Ressourcen füreinander. Studien zur Wissenschaftsgeschichte im 20. Jahrhundert, hrsg. von DENS., Frankfurt am Main u. a. 2007, S. 11–36.

NYHART, Lynn K.: Modern Nature. The Rise of the Biological Perspective in Germany, Chicago, Ill. u. a. 2009.

O. A.: Einleitung. Drei Jahrhunderte Meeresforschung in Kiel – eine verpflichtende Tradition, in: 300 Jahre Meeresforschung an der Universität Kiel. Ein historischer Rückblick, bearb. von Brigitte LOHFF, Kiel 1994 (Berichte aus dem Institut für Meereskunde an der Christian-Albrechts-Universität Kiel Bd. 246), S. 1–2.

OTTO, Ulrich: Seemacht. Einführung, in: Maritime Wirtschaft in Deutschland. Schifffahrt – Werften – Handel – Seemacht im 19. und 20. Jahrhundert. Vorträge der Schifffahrtshistorischen Tagung der Deutschen Gesellschaft für Schifffahrts- und Marinegeschichte in Hamburg vom 5.–7. November 2010, hrsg. von Jürgen ELVERT, Sigurd HESS und Heinrich WALLE, Stuttgart 2012 (Historische Mitteilungen Beiheft Bd. 82), 168–169.

PAFFEN, Karlheinz und Gerhard KORTUM: Die Geographie des Meeres. Disziplingeschichtliche Entwicklung seit 1650 und heutiger methodischer Stand, Kiel 1984 (Kieler geographische Schriften Bd. 60).

PAGEL, Julius: Art. „Munk, Hermann", in: Biographisches Lexikon hervorragender Ärzte des neunzehnten Jahrhunderts, hrsg. von DEMS., Berlin u. a. 1901, Sp. 1177–1178.

–: Art. „Panum, Peter Ludwig", in: Biographisches Lexikon hervorragender Ärzte des neunzehnten Jahrhunderts, hrsg. von DEMS., Berlin u. a. 1901, Sp. 1256–1258.

PALETSCHEK, Sylvia: Was heißt „Weltgeltung deutscher Wissenschaft?" Modernisierungsleistungen und -defizite der Universitäten im Kaiserreich, in: Gebrochene Wissenschaftskulturen. Universität und Politik im 20. Jahrhundert, hrsg. von Michael GRÜTTNER, Rüdiger HACHTMANN, Konrad H. JARAUSCH, Jürgen JOHN und Matthias MIDDELL, Göttingen 2010, S. 29–54.

–: Stand und Perspektiven der neueren Universitätsgeschichte, in: Zeitschrift für Geschichte der Wissenschaften, Technik und Medizin 19 (2011) H. 2, S. 169–189.

PARTSCH, Karl Josef: Die zoologische Station in Neapel. Modell internationaler Wissenschaftszusammenarbeit, Göttingen 1980 (Studien zur Naturwissenschaft, Technik und Wirtschaft im neunzehnten Jahrhundert Bd. 11).

PFEIFFER, Hermannus: Seemacht Deutschland. Die Hanse, Kaiser Wilhelm II. und der neue Maritime Komplex, Berlin 2009.

PIOTROWSKI, Swantje: Das Kieler Gelehrtenverzeichnis – Eine Online-Daten-sammlung als Werkzeug universitätsgeschichtlicher und biographischer Forschung, in: Jahrbuch für Universitätsgeschichte 16: Schwerpunkt: Professorenkataloge 2.0 – Ansätze und Perspektiven webbasierter Forschung in der gegenwärtigen Universitäts- und Wissenschaftsgeschichte, hrsg. von Oliver AUGE und DERS., Stuttgart 2013 [erschienen 2015], S. 153–169.

PLAGEMANN, Volker (Hrsg.): Übersee. Seefahrt und Seemacht im deutschen Kaiserreich, München 1988.

–: Kultur, Wissenschaft, Ideologie, in: Übersee. Seefahrt und Seemacht im deutschen Kaiserreich, hrsg. von DEMS, München 1988, S. 299–308.

–: Vorwort. Zur Hinwendung Deutschlands nach Übersee, in: Übersee. Seefahrt und Seemacht im deutschen Kaiserreich, hrsg. von DEMS., München 1988, S. 9–16.

POREP, Rüdiger: Methodenstreit in der Planktologie – Haeckel contra Hen-sen. Auseinandersetzung um die Anwendung quantitativer Methoden in der Meeresbiologie um 1900, in: Medizinhistorisches Journal 7 (1972) H. 1/2, S. 72–83.

–: Der Physiologe und Planktonforscher Victor Hensen (1835–1924). Sein Leben und Werk, Neumünster 1970 (Kieler Beiträge zur Geschichte der Medizin und Pharmazie Bd. 9).

POSTE, Rainer: Welthandel und Weltverkehr, in: Übersee. Seefahrt und See-macht im deutschen Kaiserreich, hrsg. von Volker PLAGEMANN, München 1988, S. 17–21.

RAMPONI, Patrick: Weltpolitik maritim. Meer und Flotte als Medien des Globalen im Kaiserreich, in: Globales Denken. Kulturwissenschaftliche Perspektiven auf Globalisierungsprozesse. Ergebnisse der interdisziplinären Tagung „Welt-Kultur: Grenzen und Möglichkeiten globalen Denkens" der Philosophischen Fakultät der Universität Mannheim, 25.–27. November 2004, hrsg. von Silvia MAROSI, Frankfurt am Main u.a. 2006, S. 99–120.

REIBISCH, Johannes: Karl Brandt, gestorben am 7. Januar 1931, in: ICES Journal of Marine Science 6 (2013) H. 2, S. 157–159.

–: Victor Hensen. Ein Nachruf, in: Schriften des Naturwissenschaftlichen Vereins für Schleswig-Holstein 17 (1926), S. 225–226.

REINKE-KUNZE, Christine: Den Meeren auf der Spur. Geschichte und Auf-gaben der deutschen Forschungsschiffe, Herford 1986.

ROZWADOWSKI, Helen M.: Marine Science in the Age of Internationalism, in: Historisch-Meereskundliches Jahrbuch 6 (1999), S. 83–104.

RUPPENTAHL, Jens: Wie das Meer seinen Schrecken verlor. Vermessung und Vereinnahmung des maritimen Naturraumes im deutschen Kaiserreich, in: Weltmeere. Wissen und Wahrnehmung im langen 19. Jahrhundert, hrsg.

von Alexander KRAUS und Martina WINKLER, Göttingen u. a. 2014 (Umwelt und Gesellschaft Bd. 10), S. 215–232.

SALEWSKI, Michael: Die Deutschen und die See. Studien zur deutschen Marinegeschichte des 19. und 20. Jahrhunderts Teil 2, Stuttgart 2002 (HMRG Beiheft Bd. 45).

–: Die Deutschen und die See. Studien zur deutschen Marinegeschichte des 19. und 20. Jahrhunderts Teil 1, Stuttgart 1998 (HMRG Beiheft Bd. 25).

SAMIDA, Stefanie: Vom Heros zum Lügner? Wissenschaftliche „Medienstars" im 19. Jahrhundert, in: Inszenierte Wissenschaft. Zur Popularisierung von Wissen im 19. Jahrhundert, hrsg. von DERS., Bielefeld 2011 (Histoire Bd. 21), S. 245–272.

SCHWARZ, Angela: Der Schlüssel zur modernen Welt. Wissenschaftspopularisierung in Großbritannien und Deutschland im Übergang zur Moderne (ca. 1870–1914), Stuttgart 1999 (Vierteljahrschrift für Sozial- und Wirtschaftsgeschichte Beihefte Bd. 153).

SEDDIQZAI, Mansur: Neue Ansätze in der Geschichtsschreibung, in: Blumen für Clio. Einführung in Methoden und Theorien der Geschichtswissenschaft aus studentischer Perspektive, hrsg. von Sascha FOERSTER, Julia ten HAAF, Stefan Malte SCHUMACHER, DEMS., Tobias TENHAEF und Ruth Rebecca TIETJEN, Marburg 2011, S. 699–726.

SHORTLAND, Michael und Richard YEO: Preface, in: Telling Lives in Science. Essays on Scientific Biography, hrsg. von DENS., Cambridge 1996, S. xiii–xiv.

SKALWEIT, Stephan: Art. „Goßler, Gustav Konrad Heinrich von", in: Neue Deutsche Biographie Bd. 6, Berlin 1964, S. 650–651.

SMED, Jens: Germany's Participation in the Foundation of the ICES, Withdrawal during the First World War, and Re-Entry after the War, in: Historisch-Meereskundliches Jahrbuch 16 (2010), S. 7–27.

–: The Founding of the ICES. Prelude, Personalities and Politics. Stockholm (1899); Christiana (1901); Copenhagen (1902), in: Ocean Sciences Bridging the Millennia. A Spectrum of Historical Accounts, hrsg. von Selim MORCOS, Gary WRIGHT, Mingyuan ZHU, Roger CHARLIER, Walter LENZ, Ming LU und Emei ZOU, Beijing 2004, S. 139–162.

SÖDERQVIST, Thomas: Existential Projects and Existential Choice in Science. Science Biography as an Edifying Genre, in: Telling Lives in Science. Essays on Scientific Biography, hrsg. von Michael SHORTLAND und Richard YEO, Cambridge 1996, S. 45–84.

SZÖLLÖSI-JANZE, Margit: Wissensgesellschaft in Deutschland. Überlegungen zur Neubestimmung der deutschen Zeitgeschichte über Verwissenschaftlichungsprozesse, in: Geschichte und Gesellschaft: Zeitschrift für historische Sozialwissenschaft 30 (2004) H. 2, S. 277–313.

–: Der Wissenschaftler als Experte. Kooperationsverhältnisse von Staat, Militär, Wirtschaft und Wissenschaft 1914–1933, in: Geschichte der Kaiser-Wilhelm-Gesellschaft im Nationalsozialismus. Bestandsaufnahme und Perspektiven der Forschung Bd. 1, hrsg. von Doris KAUFMANN, Göttingen 2000, S. 46–64.

–: Lebens-Geschichte – Wissenschafts-Geschichte. Vom Nutzen der Biographie für Geschichtswissenschaft und Wissenschaftsgeschichte, in: Berichte zur Wissenschaftsgeschichte 23 (2000), S. 17–35.

TORMA, Franziska: Wissenschaft, Wirtschaft und Vorstellungskraft. Die „Entdeckung" der Meeresökologie im Deutschen Kaiserreich, in: Weltmeere. Wissen und Wahrnehmung im langen 19. Jahrhundert, hrsg. von Alexander KRAUS und Martina WINKLER, Göttingen u. a. 2014 (Umwelt und Gesellschaft Bd. 10), S. 25–45.

TRISCHLER, Helmuth: Geschichtswissenschaft – Wissenschaftsgeschichte. Koexistenz oder Konvergenz?, in: Berichte zur Wissenschaftsgeschichte 22 (1999) H. 4, S. 239–256.

TURNER, Frank M.: Contesting Cultural Authority. Essays in Victorian Intellectual Life, Cambridge u. a. 1993.

ULRICH, Johannes und Gerhard KORTUM: Otto Krümmel (1854–1912). Geograph und Wegbereiter der modernen Ozeanographie, Kiel 1997 (Kieler geographische Schriften Bd. 93).

VOLBEHR, Friedrich und Richard WEYL: Professoren und Dozenten der Christian-Albrechts-Universität zu Kiel 1665–1954. Mit Angaben über die sonstigen Lehrkräfte und die Universitäts-Bibliothekare und einem Verzeichnis der Rektoren, 4. Aufl. bearb. von Otto BÜLCK und Hans-Joachim NEWIGER, Kiel 1956 (Veröffentlichungen der Schleswig-Holsteinischen Universitätsgesellschaft Bd. 7).

WEGNER, Gerd: 125 Jahre Deutsche Fischereiforschung, in: Informationen für die Fischwirtschaft 42 (1995) H. 3, S. 128–133.

WISSEMANN, Volker: Johannes Reinke. Leben und Werk eines lutherischen Botanikers, Göttingen/Bristol 2012 (Religion, Theologie und Naturwissenschaft/Religion, Theology, and Natural Science Bd. 26).

WOELK, Wolfgang und Frank SPARING: Forschungsergebnisse und -desiderate der deutschen Universitätsgeschichtsschreibung. Impulse einer Tagung, in: Universitäten und Hochschulen im Nationalsozialismus und in der frühen Nachkriegszeit, hrsg. von Karen BAYER und DENS., Stuttgart 2004, S. 7–32.

ZINNER, Ernst: Art. „Auwers, Arthur Julius Georg Friedrich", in: Neue Deutsche Biographie Bd. 1, Berlin 1953, S. 462–463.

KIELER WERKSTÜCKE

Reihe   A: Beiträge zur schleswig-holsteinischen und skandinavischen Geschichte

Hrsg. von Oliver Auge

Band   1   Kai Fuhrmann: Die Auseinandersetzung zwischen königlicher und gottorfischer Linie in den Herzogtümern Schleswig und Holstein in der zweiten Hälfte des 17. Jahrhunderts. 1990.

Band   2   Ralph Uhlig (Hrsg.): Vertriebene Wissenschaftler der Christian-Albrechts-Universität zu Kiel (CAU) nach 1933. Zur Geschichte der CAU im Nationalsozialismus. Eine Dokumentation, bearbeitet von Uta Cornelia Schmatzler und Matthias Wieben. 1991.

Band   3   Carsten Obst: Der demokratische Neubeginn in Neumünster 1947 bis 1950 anhand der Arbeit und Entwicklung des Neumünsteraner Rates. 1992.

Band   4   Thomas Hill: Könige, Fürsten und Klöster. Studien zu den dänischen Klostergründungen des 12. Jahrhunderts. 1992.

Band   5   Rüdiger Wurr / Udo Gerigk / Uwe Törper / Alfred Sielken: Türkische Kolonie im Wandel. Ausländersozialarbeit und Ausländerpädagogik in Schleswig-Holstein (Bandhrsg.: Kai Fuhrmann und Ralph Uhlig). 1992.

Band   6   Torsten Mußdorf: Die Verdrängung jüdischen Lebens in Bad Segeberg im Zuge der Gleichschaltung 1933-1939 (Bandhrsg.: Kai Fuhrmann und Ralph Uhlig).1992.

Band   7   Thorsten Afflerbach: Der berufliche Alltag eines spätmittelalterlichen Hansekaufmanns. Betrachtungen zur Abwicklung von Handelsgeschäften. 1993.

Band   8   Ralph Uhlig: *Confidential Reports* des Britischen Verbindungsstabes zum Zonenbeirat der britischen Besatzungszone in Hamburg (1946-1948). Demokratisierung aus britischer Sicht. 1993.

Band   9   Broder Schwensen: Der Schleswig-Holsteiner-Bund 1919-1933. Ein Beitrag zur Geschichte der nationalpolitischen Verbände im deutsch-dänischen Grenzland. 1993.

Band   10   Matthias Wieben: Studenten der Christian-Albrechts-Universität im Dritten Reich. Zum Verhaltensmuster der Studenten in den ersten Herrschaftsjahren des Nationalsozialismus. 1994.

Band   11   Volker Henn / Arnved Nedkvitne (Hrsg.): Norwegen und die Hanse. Wirtschaftliche und kulturelle Aspekte im europäischen Vergleich. 1994.

Band   12   Jürgen Hartwig Ibs: Die Pest in Schleswig-Holstein von 1350 bis 1547/48. Eine sozialgeschichtliche Studie über eine wiederkehrende Katastrophe. 1994.

Band   13   Martin Höffken: Die "Kieler Erklärung" vom 26. September 1949 und die "Bonn-Kopenhagener Erklärungen" vom 29. März 1955 im Spiegel deutscher und dänischer Zeitungen. Regierungserklärungen zur rechtlichen Stellung der dänischen Minderheit in Schleswig- Holstein in der öffentlichen Diskussion. 1994.

Band   14   Erich Hoffmann / Frank Lubowitz (Hrsg.): Die Stadt im westlichen Ostseeraum. Vorträge zur Stadtgründung und Stadterweiterung im Hohen Mittelalter. Teil 1 und 2. 1995.

Band   15   Claus Ove Struck: Die Politik der Landesregierung Friedrich Wilhelm Lübke in Schleswig-Holstein (1951-1954). 1997.

Band   16   Hannes Harding: Displaced Persons (DPs) in Schleswig-Holstein 1945-1953. 1997.

Band   17   Olav Vollstedt: Maschinen für das Land. Agrartechnik und produzierendes Gewerbe Schleswig-Holsteins im Umbruch (um 1800-1867). 1997.

Band   18   Jörg Philipp Lengeler: Das Ringen um die Ruhe des Nordens. Großbritanniens Nordeuropa-Politik und Dänemark zu Beginn des 18. Jahrhunderts. 1998.

Band 19 Thomas Riis (Hrsg.): Tisch und Bett. Die Hochzeit im Ostseeraum seit dem 13. Jahrhundert. 1998.

Band 20 Alf R. Bjercke: Norwegische Kätnersöhne als königliche Dragoner. Eine Abhandlung über den Dragonerdienst in Norwegen und die Grenzwache in Schleswig-Holstein 1758-1762. 1999.

Band 21 Niels Bracke: Die Regierung Waldemars IV. Eine Untersuchung zum Wandel von Herrschaftsstrukturen im spätmittelalterlichen Dänemark. 1999.

Band 22 Lutz Sellmer: Albrecht VII. von Mecklenburg und die Grafenfehde (1534-1536). 1999.

Band 23 Ernst-Erich Marhencke: Hans Reimer Claussen (1804-1894). Kämpfer für Freiheit und Recht in zwei Welten. Ein Beitrag zu Herkunft und Wirken der "Achtundvierziger". 1999.

Band 24 Hans-Otto Gaethke: Herzog Heinrich der Löwe und die Slawen nordöstlich der unteren Elbe. 1999.

Band 25 Henning Unverhau: Gesang, Feste und Politik. Deutsche Liedertafeln, Sängerfeste, Volksfeste und Festmähler und ihre Bedeutung für das Entstehen eines nationalen und politischen Bewußtseins in Schleswig-Holstein 1840-1848. 2000.

Band 26 Joseph Ben Brith: Die Odyssee der Henrique-Familie (Bandhrsg.: Björn Marnau und Ralph Uhlig). 2001.

Band 27 Karl-Otto Hagelstein: Die Erbansprüche auf die Herzogtümer Schleswig und Holstein 1863/64. 2003.

Band 28 Annegret Wittram: Fragmenta. Felix Jacoby und Kiel. Ein Beitrag zur Geschichte der Kieler Christian-Albrechts-Universität. 2004.

Band 29 Sönke Loebert: Die dänische Vergangenheit Schleswigs und Holsteins in preußischen Geschichtsbüchern. 2008.

Band 30 Hans Gerhard Risch: Der holsteinische Adel im Hochmittelalter. Eine quantitative Untersuchung. 2010.

Band 31 Silke Hinz: Hochzeit in Kiel. Wandel im Hochzeitsgeschehen von 1965 bis 2005. 2011.

Band 32 Sönke Loebert / Okko Meiburg / Thomas Riis: Die Entstehung der Verfassungen der dänischen Monarchie (1848-1849). 2012.

Band 33 Franziska Nehring: Graf Gerhard der Mutige von Oldenburg und Delmenhorst (1430-1500). 2012.

Band 34 Simon Huemer: Studienstiftungen an der Christian-Albrechts-Universität zu Kiel. Private Bildungsförderung zwischen Stiftungsnorm und Stiftungswirklichkeit. 2013.

Band 35 Marina Loer: Die Reformen von Windesheim und Bursfelde im Norden. Einflüsse und Auswirkungen auf die Klöster in Holstein und den Hansestädten Lübeck und Hamburg. 2013.

Band 36 Alexander Otto-Morris: Rebellion in the Province: The Landvolkbewegung and the Rise of National Socialism in Schleswig-Holstein. 2013.

Band 37 Oliver Auge (Hrsg.): Hansegeschichte als Regionalgeschichte. Beiträge einer internationalen und interdisziplinären Winterschule in Greifswald vom 20. bis 24. Februar 2012. 2014.

Band 38 Julian Freche: Die Eingemeindungen in die Stadt Kiel (1869-1970). Gründe, Probleme und Kontroversen. 2014.

Band 39 Martin Göllnitz: Karrieren zwischen Diktatur und Demokratie. Die Berufungspolitik in der Kieler Theologischen Fakultät 1936 bis 1946. 2014.

Band 40 Jelena Steigerwald: Denkmalschutz im Grenzgebiet. Eine Analyse der Wissensproduktion und der Praktiken des Denkmalschutzes in der deutsch-dänischen Grenzregion im 19. Jahrhundert. 2015.

Band 41 Caroline Elisabeth Weber: Der Wiener Frieden von 1864. Wahrnehmungen durch die Zeitgenossen in den Herzogtümern Schleswig und Holstein bis 1871. 2015.

Band 42 Oliver Auge (Hrsg.): Vergessenes Burgenland Schleswig-Holstein. Die Burgenlandschaft zwischen Elbe und Königsau im Hoch- und Spätmittelalter. Beiträge einer interdisziplinären Tagung in Kiel vom 20. bis 22. September 2013. 2015.

Band 43 Frederieke Maria Schnack: Die Heiratspolitik der Welfen von 1235 bis zum Ausgang des Mittelalters. 2016.

Band 44 Oliver Auge / Norbert Fischer (Hrsg.): Nutzung gestaltet Raum. Regionalhistorische Perspektiven zwischen Stormarn und Dänemark. 2017.

Band 45 Gwendolyn Peters: Kriminalität und Strafrecht in Kiel im ausgehenden Mittelalter. Das Varbuch als Quelle zur Rechts- und Sozialgeschichte. 2017.

Band 46 Jens Boye Volquartz: Friesische Händler und der frühmittelalterliche Handel am Oberrhein. 2017.

Band 47 Karen Bruhn: Das Kieler Kunsthistorische Institut im Nationalsozialismus. Lehre und Forschung im Kontext der „deutschen Kunst". 2017.

Band 48 Lisa Kragh: Kieler Meeresforschung im Kaiserreich. Die Planktonexpedition von 1889 zwischen Wissenschaft, Wirtschaft, Politik und Öffentlichkeit. 2017.

Band 49 Oliver Auge / Martin Göllnitz (Hrsg.): Mit Forscherdrang und Abenteuerlust. Expeditionen und Forschungsreisen Kieler Wissenschaftlerinnen und Wissenschaftler. 2017.

Reihe B: Beiträge zur nordischen und baltischen Geschichte

Hrsg. von Hain Rebas

Band 1 Rainer Plappert: Zwischen Zwangsclearing und Entschädigung. Die politischen Beziehungen zwischen der Bundesrepublik Deutschland und Schweden im Schatten der Kriegsfolgefragen 1949-1956. 1996.

Band 2 Volker Seresse: Des Königs "arme weit abgelegenne Vntterthanen". Oesel unter dänischer Herrschaft 1559/84-1613. 1996.

Band 3 Ingrid Bohn: Zwischen Anpassung und Verweigerung. Die deutsche St. Gertruds Gemeinde in Stockholm zur Zeit des Nationalsozialismus. 1997.

Band 4 Saskia Pagell: Souveränität oder Integration? Die Europapolitik Dänemarks und Norwegens von 1945 bis 1995. 2000.

Band 5 Ulrike Hanssen-Decker: Von Madrid nach Göteborg. Schweden und der EU-Beitritt Estlands, Lettlands und Litauens, 1995-2001. 2008.

Reihe C: Beiträge zur europäischen Geschichte des frühen und hohen Mittelalters

Hrsg. von Hans Eberhard Mayer

Band 1 Martin Rheinheimer: Das Kreuzfahrerfürstentum Galiläa. 1990.

Band 2 Oliver Berggötz: Der Bericht des Marsilio Zorzi. Codex Querini-Stampalia IV 3 (1064). 1990.

Band 3 Thomas Eck: Die Kreuzfahrerbistümer Beirut und Sidon im 12. und 13. Jahrhundert auf prosopographischer Grundlage. 2000.

Reihe D: Beiträge zur europäischen Geschichte des späten Mittelalters

Hrsg. von Werner Paravicini

Band 1   Holger Kruse, Werner Paravicini, Andreas Ranft (Hrsg.): Ritterorden und Adelsgesellschaften im spätmittelalterlichen Deutschland. Ein systematisches Verzeichnis. 1991.

Band 2   Werner Paravicini (Hrsg.): Hansekaufleute in Brügge. Teil 1: Die Brügger Steuerlisten 1360-1390, hrsg. von Klaus Krüger. 1992.

Band 3   Les Chevaliers de l'Ordre de la Toison d'or au XVe siècle. Notices bio-bibliographiques publiées sous la direction de Raphaël de Smedt. 1994. 2. Auflage 2000.

Band 4   Werner Paravicini (Hrsg.): Der Briefwechsel Karls des Kühnen (1433-1477). Inventar. Redigiert von Sonja Dünnebeil und Holger Kruse. Bearbeitet von Susanne Baus u.a. Teil 1 und 2. 1995.

Band 5   Werner Paravicini (Hrsg.): Europäische Reiseberichte des späten Mittelalters. Eine analytische Bibliographie. Teil 1: Deutsche Reiseberichte, bearb. von Christian Halm. 1994. 2., durchgesehene und um einen Nachtrag ergänzte Auflage 2001.

Band 6   Rainer Demski: Adel und Lübeck. Studien zum Verhältnis zwischen adliger und bürgerlicher Kultur im 13. und 14. Jahrhundert. 1996.

Band 7   Anne Chevalier-de Gottal: Les Fêtes et les Arts à la Cour de Brabant à l'aube du XVe siècle. 1996.

Band 8   Stephan Selzer: Artushöfe im Ostseeraum. Ritterlich-höfische Kultur in den Städten des Preußenlandes im 14. und 15. Jahrhundert. 1996.

Band 9   Werner Paravicini (Hrsg.): Hansekaufleute in Brügge. Teil 2. Georg Asmussen: Die Lübecker Flandernfahrer in der zweiten Hälfte des 14. Jahrhunderts (1358-1408). 1999.

Band 10   Jean Marie Maillefer: Chevaliers et princes allemands en Suède et en Finlande à l'époque du Folkungar (1250-1363). Le premier établissement d'une noblesse allemande sur la rive septentrionale de la Baltique. 1999.

Band 11   Werner Paravicini, Horst Wernicke (Hrsg.): Hansekaufleute in Brügge. Teil 3. Prosopographischer Katalog zu den Brügger Steuerlisten 1360-1390. Bearbeitet von Ingo Dierck, Sonja Dünnebeil und Renée Rößner. 1999.

Band 12   Werner Paravicini (Hrsg.): Europäische Reiseberichte des späten Mittelalters. Eine analytische Bibliographie. Teil 2: Französische Reiseberichte, bearbeitet von Jörg Wettlaufer in Zusammenarbeit mit Jacques Paviot. 1999.

Band 13   Nils Jörn, Werner Paravicini, Horst Wernicke (Hrsg.): Hansekaufleute in Brügge. Teil 4. Beiträge der Internationalen Tagung in Brügge April 1996. 2000.

Band 14   Werner Paravicini (Hrsg.): Europäische Reiseberichte des späten Mittelalters. Eine analytische Bibliographie. Teil 3. Niederländische Reiseberichte. Nach Vorarbeiten von Detlev Kraack bearbeitet von Jan Hirschbiegel. 2000.

Band 15   Werner Paravicini (Hrsg.): Hansekaufleute in Brügge. Teil 5. Renée Rößner: Hansische Memoria in Flandern. Alltagsleben und Totengedenken der Osterlinge in Brügge und Antwerpen (13. bis 16. Jahrhundert). 2001.

Band 16   Werner Paravicini (Hrsg.): Hansekaufleute in Brügge. Teil 6. Anke Greve: Hansische Kaufleute, Hosteliers und Herbergen im Brügge des 14. und 15. Jahrhunderts. 2011.

Band 17   Sonja Dünnebeil (Hrsg.): Die Protokollbücher des Ordens vom Goldenen Vlies. Teil 4: Der Übergang an das Haus Habsburg (1477 bis 1480). Vorwort von Werner Paravicini. 2016.

www.peterlang.com